飞龙

JÉZÉQUEL & CHARLINE

SECRET

LE GUIDE D'UN CHASSEUR DE DRAGONS

如何捕获一条龙

猎龙人秘密手册

[法] 帕特里克 · 杰泽盖尔 著

[法] 查琳 绘 汪睿智 译

（写给喜~~欢~~爱龙的人们）

北京联合出版公司
Beijing United Publishing Co.,Ltd.

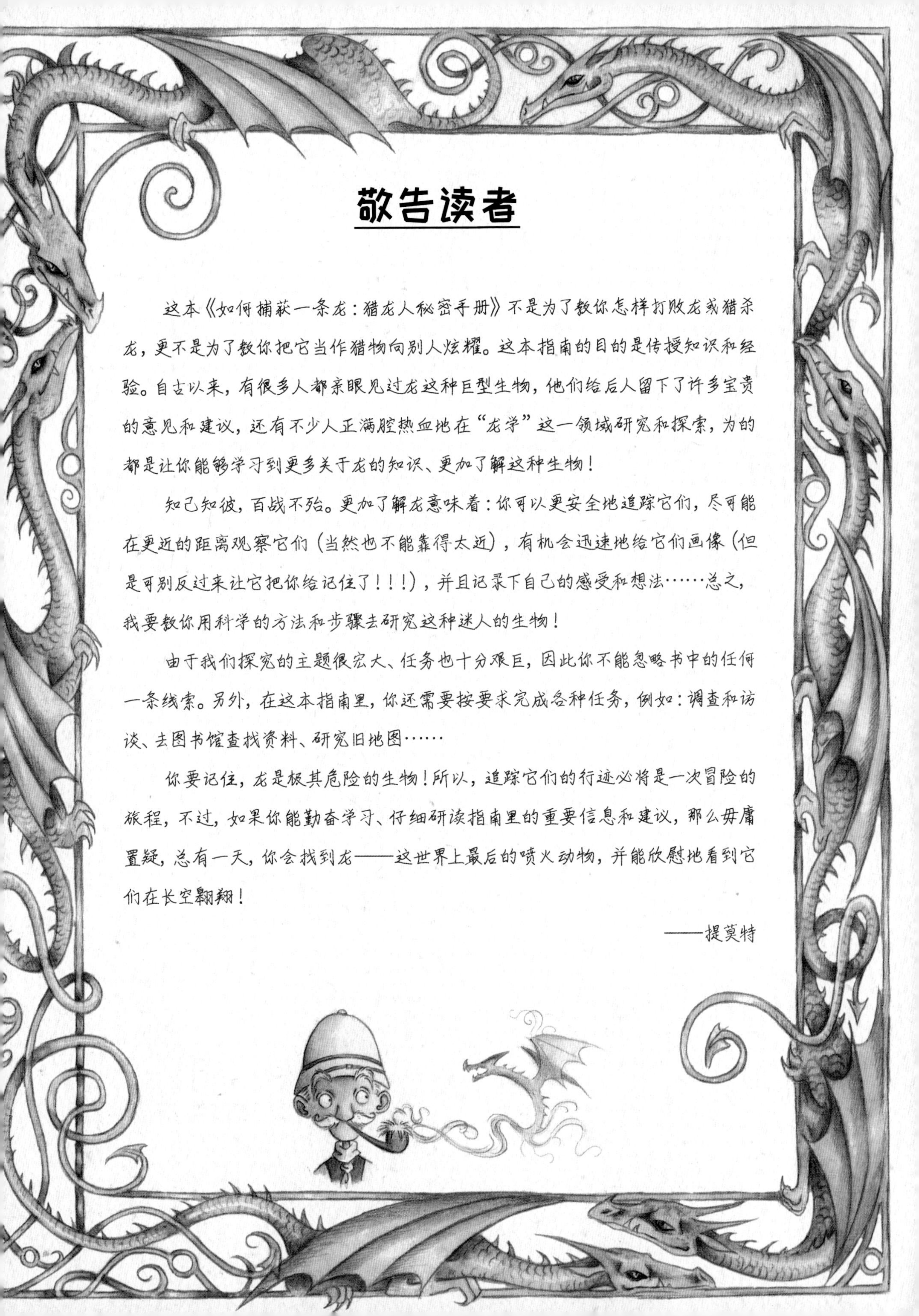

敬告读者

这本《如何捕获一条龙：猎龙人秘密手册》不是为了教你怎样打败龙或猎杀龙，更不是为了教你把它当作猎物向别人炫耀。这本指南的目的是传授知识和经验。自古以来，有很多人都亲眼见过龙这种巨型生物，他们给后人留下了许多宝贵的意见和建议，还有不少人正满腔热血地在“龙学”这一领域研究和探索，为的都是让你能够学习到更多关于龙的知识、更加了解这种生物！

知己知彼，百战不殆。更加了解龙意味着：你可以更安全地追踪它们，尽可能在更近的距离观察它们（当然也不能靠得太近），有机会迅速地给它们画像（但是可别反过来让它把你给记住了！！！），并且记录下自己的感受和想法……总之，我要教你用科学的方法和步骤去研究这种迷人的生物！

由于我们探究的主题很宏大、任务也十分艰巨，因此你不能忽略书中的任何一条线索。另外，在这本指南里，你还需要按要求完成各种任务，例如：调查和访谈、去图书馆查找资料、研究旧地图……

你要记住，龙是极其危险的生物！所以，追踪它们的行迹必将是一次冒险的旅程，不过，如果你能勤奋学习、仔细研读指南里的重要信息和建议，那么毋庸置疑，总有一天，你会找到龙——这世界上最后的喷火动物，并能欣慰地看到它们在长空翱翔！

——提莫特

目录

陆地之龙

陆地之龙可以说是世界上最大的喷火动物了，就连它的呼吸都无比炽热，与龙卷风的威力相当！

神兽

传说中的怪物

★ **龙档案** ★

特拉·德拉克的头部
1905年10月15日

编号：130

名称：特拉·德拉克

- **职能**：宝藏守护者
- **尺寸**：5米～10米

特征：

*它有四只爪子，一条长长的尾巴，尾巴上有刺，棕色鳞片像铠甲一样包裹着它的腹部。

*它嘴里的獠牙十分尖锐，像钩子一样，嘴边是两只眼睛，闪烁着敏锐的光，像两颗珍贵的宝石。

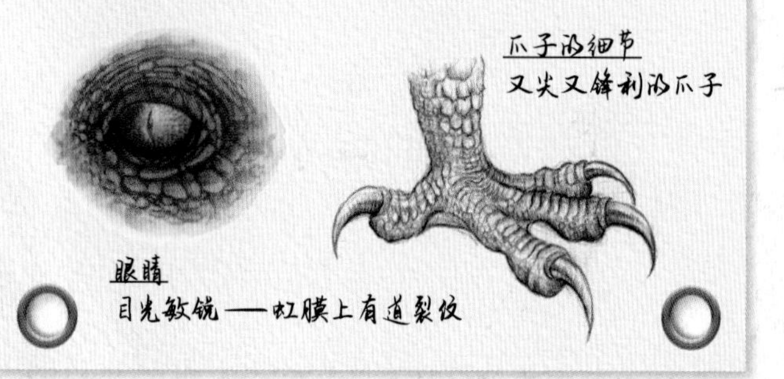

爪子的细节
又尖又锋利的爪子

眼睛
目光敏锐——虹膜上有道裂纹

★ 你必须知道的事 ★

人们对陆地之龙一直充满好奇，只不过，它从中世纪起就一直沉睡着，若不是这样，我敢肯定中世纪的史书绝不会让它有什么好名声。

如果想探索陆地之龙的洞穴，**你必须十分小心！**因为它睡得很浅（甚至有的陆地之龙压根儿就没睡，它们只是假装睡着），万一惊扰了它，它会立即把小小的你烧成灰烬。

曾经有许多骑士都与陆地之龙狭路相逢，还跟它激烈战斗，他们有的人是为了解救心爱的公主，有的人则是为了独吞藏在陆地之龙洞穴里的宝藏。

在所有会喷火的大型动物中，陆地之龙是最可怕的。只有极少数勇士有能力从它狂暴的攻击中逃脱，并且最终打败它。按照惯例，陆地之龙一旦被杀，勇士要割下它的舌头，以此证明它真的死了。

这是因为陆地之龙拥有一整套喷火系统，仅仅吐完所有火焰还不足以让它偃旗息鼓，它还可以喷射有毒蒸汽、窒息性气体、炙热熔岩等，甚至被它狠狠瞪一眼就会石化。如果某个战士要与陆地之龙英勇战斗，下场就是先被龙的尾巴精准击中，然后被石化封印。

★ 栖息地 ★

陆地之龙的栖息地通常是洞穴最深处！它住的地方被传世宝藏包围着，那都是它几百年间强取豪夺积攒下来的。根据神话故事记载，如果你在某些洞穴的入口处竖起耳朵仔细听，能听到吱吱嘎嘎、丁零咣啷的声音，这是陆地之龙在拖拉身后的宝库大门，为的是更好地守护宝藏。有些陆地之龙会果断选择藏身于石冢或古墓之中，因为这里埋葬着远古时代的国王或将士们。

那只怪兽慢慢靠近。它长着飞龙的头，火红的眼睛里像是有炭火熊熊燃烧，前额有两只角，耳朵长长的、还长着毛，狮子的爪子，蛇的尾巴，还有鳞片保护着的那似狮鹫[1]的身体。

—— 约瑟夫·贝迪耶《特利斯当与伊瑟》

如何观察龙族和保护自己

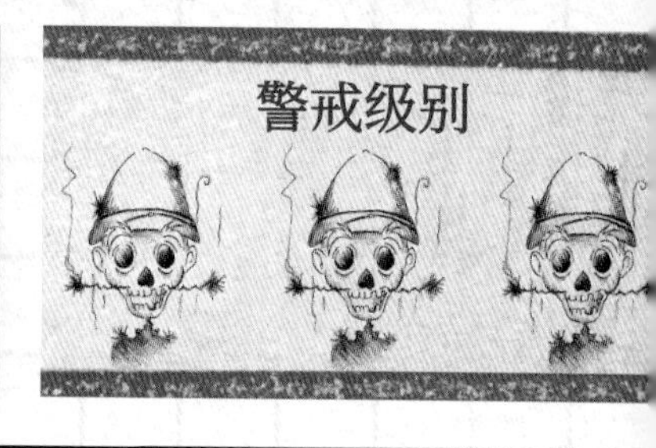

若要靠近这可怕的生物，你最好是个经验丰富的冒险家，
而且，一定要小心。给它出一些字谜或谜语吧，它很喜欢猜谜！

★ 现场观察 ★

千万保持距离！

陆地之龙呼出的气体有毒，而且它的呼吸带着火，威力很大。如果无论如何你还是想要与它对战，这里有一些建议供你参考，这些都是前辈勇士们的经验。

- 首先，你要拥有无懈可击的装备。为了避免被火焰烧伤，要用刚砍伐的新鲜木头制作盾牌，然后用牛皮包裹住它。

- 你的膝盖要微微弯曲，以便灵活躲避，这样做可以更好地抵御烈火侵袭。

- 考虑改装一下你的盔甲吧，比如将剃刀一样锋利的薄铁片焊接到关节护甲上。一旦近身肉搏，巨龙会绕着敌人游走，试图卷住敌人。这时，盔甲上的小改装就会起作用，龙越是缠紧你，越会伤害它自己。

- 最后，如果这个大怪物威胁要吞了你，而此时你无处可逃，请立即拿出你的长矛！根据以前的战斗经验，龙在打斗过程中总会掉几块鳞片，这些没了鳞片覆盖的地方就是它的软肋。

所以，先仔细观察龙的身体，然后瞄准出击！

线索！！！

· 快去寻找战利品！

· 你所在的地区肯定也埋有传世宝藏，你要勘察地形、搜集线索，并循着这些线索去寻找宝藏！

· 最好能研究一下古老的地图，或者也看看我们这个智囊团制作的精美地图，你应该能找到一些地名：金龙山、盘蛇洞、龙之桥……这些名字都与一种现在早已被人遗忘的、长着翅膀的生物有关。

· 要是你走到了沙漠附近，你会看到那里被一片死寂笼罩，沉积已久的累累白骨，遍地是残破不堪、锈迹斑驳的铠甲和头盔……而此时，你也会被炙烤（或许热浪很快就会将你吞噬）。

你知道吗？

你能让龙大吃一惊！

一些最聪明的陆地之龙是会说话的。它们的声音非常深沉，但能听得很清楚！**不过不要妄想与它有很长的对话，**而且，如果你不想被喷成炙热的白色灰烬，你最好对它提出的问题有所准备。**龙很喜欢猜谜！**所以我建议你，务必抓住机会，失败的滋味可十分“灼热”！你最好事先也准备一个谜语，比如一个短小精悍的四言押韵谜语，它很喜欢这种谜语。**如果它不能成功解谜，你就得救了，而且它还会给你很多金子和宝石，多到足以盖住你！**

这儿就有一个与龙斗智斗勇的谜语

好好念一念，到时候别结巴！

是金又是银，
死亡似来临。
众人把话说，
说时它已破。

（答案是什么呢？是“沉默”！）

记住这个谜语吧，祝你好运！

——提莫特

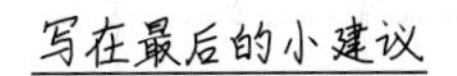

写在最后的小建议

*你要踮着脚尖轻悄悄地走路！还记得我说过什么吗？龙从来不睡觉的，即便它看起来睡着了。这就是为什么它能够成为宝藏守护者，正是因为它极其恐怖。

*戴上足够厚的手套！因为杀死龙之后，按照惯例要割下它的舌头，你一定要特别小心才行。龙的舌头里满是最毒的毒液，一个不小心你就会被毒死。要是已经赢得了与这野兽的搏斗，却在最后一步死去，岂不是功亏一篑。

*最后一个救命妙招！去旧货市场或是你叔公的阁楼里找找魔法剑……

记住这些建议，它们可都是招招见效的哦！

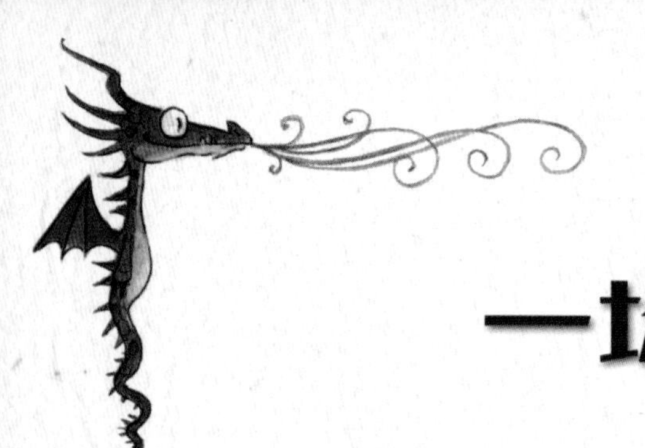

一场可怕的战斗

这一天，酷热难耐，阳光仿佛要碾碎整个村庄。彼得，一位年轻的骑士，热得卸下了头盔上的面罩，此时，他正骑着马飞驰在一条乡村小道上，村道两旁是一道道乱石堆砌的矮墙。忽然，虫鸣声和鸟鸣声都戛然而止。但彼得并没有立即停下。他一直往前走，直到蹚过一条小河。这时，周围传来一股恶臭，让他恶心不已，也让他不寒而栗。他从马上下来，拿起了剑。

附近是一片小树林，那里的树叶被搅动了，发出一阵声响。骑士彼得猛一回头，发现一只巨龙正恶狠狠地盯着他，并准备向他扑来。

说时迟那时快，巨龙随即向彼得发起了凶猛的攻击！它像炮弹一样会喷火，还能吐出恶臭的黏液。它锋利的尾巴不停地在空中鞭打甩动，血盆大口里长着一排排锋利的獠牙，还有猩红的舌头——那是因为它的舌头沾满了毒液。

彼得紧紧握住手里的剑，抡起胳膊，一圈接一圈地向前砍刺，并刺穿了巨龙长满鳞片的胸甲，然后切开它的胸膛。巨龙显然被彼得的怒气和胆识震慑住了，它不得不往后退，似乎还想逃跑。

可是，突然间，巨龙将长长的尾巴甩到彼得周围，并缠住了彼得。彼得被巨龙的尾巴困住了。他的盔甲在尾巴的缠绕下渐渐变形，金属扭曲的声音像极了盔甲的呻吟。盔甲虽然被折弯了，但还没有断裂！

骑士彼得是一位机智的猎龙人，他早已对自己的盔甲进行了改装，他锻造了锋利的薄铁刃,并把它们焊接到了关节护甲上。巨龙的尾巴还在缠绕着彼得，而盔甲上的铁刃已经深深地刺入了巨龙的尾巴。巨龙错愕不已，彼得抓住机会反击，他使出每一招都用足了十倍的力气。他砍掉了龙的一只爪子——左边的爪子，然后是龙的一截尾巴，然后又砍掉了龙的另一只爪子……

渐渐地，骑士彼得感觉自己的力气变弱了，毕竟他已经成功击退巨龙的数次狂暴进攻了。最终，在将龙的尾巴斩成几段之后，他一鼓作气，使出全身力气挥剑，终于斩下了巨龙的头颅！

笔记和草图

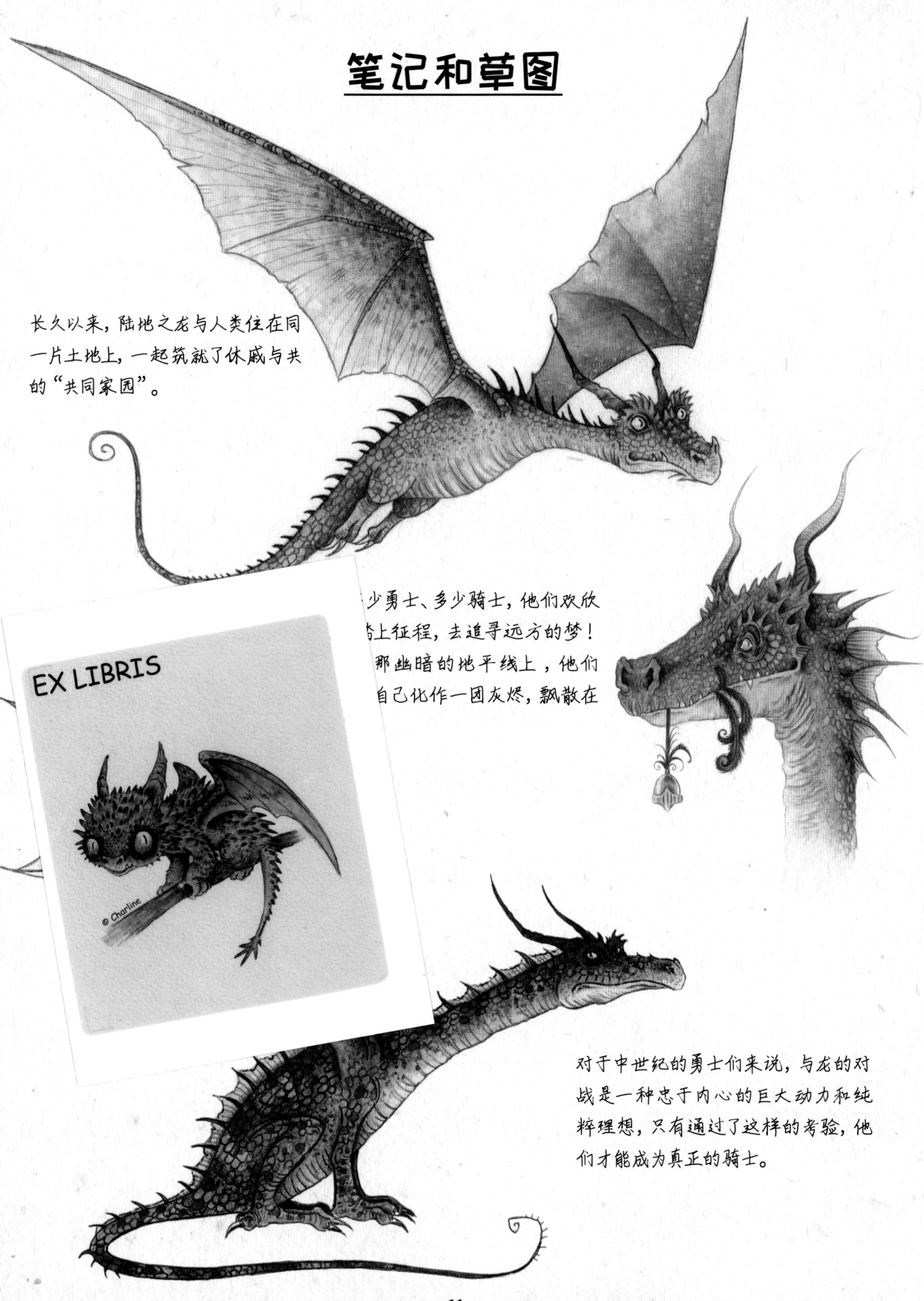

长久以来，陆地之龙与人类住在同一片土地上，一起筑就了休戚与共的"共同家园"。

少勇士、多少骑士，他们欢欣
踏上征程，去追寻远方的梦！
那幽暗的地平线上，他们
自己化作一团灰烬，飘散在

对于中世纪的勇士们来说，与龙的对战是一种忠于内心的巨大动力和纯粹理想，只有通过了这样的考验，他们才能成为真正的骑士。

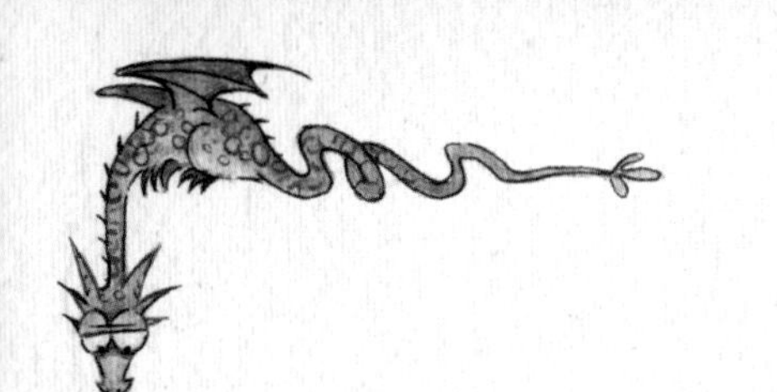

高空之龙

高空之龙既强大又孤独，它不知疲倦地御风飞行，甚至能在大气层高处畅游。它从不会有缺氧的感觉，因为它是高空之王！

神兽

传说中的怪物

★ 龙档案 ★

编号：450

名称：阿提图迪尼布斯·德拉克

- 职能：大旅行家
- 尺寸：8米～12米

阿提图迪尼布斯·德拉克的头部
1907年6月23日

特征：

*它善于利用强劲的气流来实现高空远距离飞行。

*即使暴露在极寒（-50℃）之中，它也可以飞行。高空之龙一般会快速有力地挥动翅膀，这样可以产生足够的能量来抵御严寒，与此同时，严寒也能让它不至于处于过热状态。

爪子
爪子细长，关节凸出

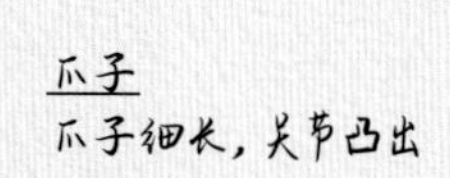
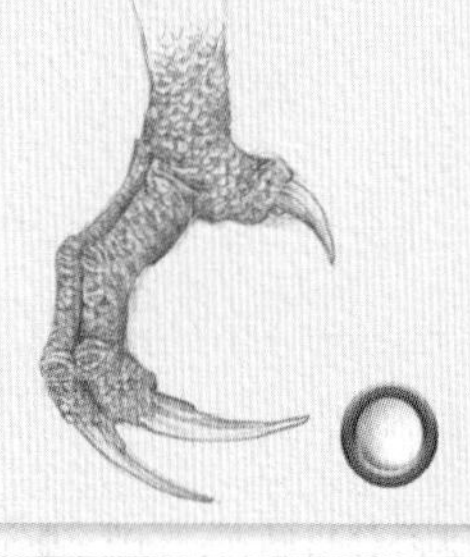

★ 你必须知道的事 ★

高空之龙也被称为“空气之龙”，它是离群索居的生物，只生活在大气层的高处。

它会缺氧吗？

不必担忧，没什么能阻止高空之龙踏风飞舞。

时而俯冲，时而盘旋，时而迎风展翅……高空之龙仿佛一只风筝在疾风骤雨中翱翔。环绕地球长途旅行的时候，气流会给它力量，将它托起，它一般会先向上飞升，再顺着风的方向滑行。

飞行过程中，偶尔会有迁徙的大雁和远航的飞行器经过，短暂地打扰它清净的孤独。

天空是云朵做的大海，高空之龙则不停歇地纵横在这片大海之上，高山之巅在这里仿佛只是海上的小小岛屿。如果高山之龙渴了，它会停下来喝口水；要是它饿了，就会去云层下面海拔稍低的地方觅食，抓几只绵羊或野山羊尝尝。它是漂泊的独行侠，但整个世界都属于它。

高空之龙的翼展宽度十分惊人，这也是它能在空中长时间滑行的必要条件。它的肢体结构看似脆弱而精致，但事实证明它能承受最大的压力。

★ 栖息地 ★

通常我们能在高山岩洞里找到高空之龙，尤其是那些人类根本无法到达的洞穴！它的洞穴附近通常有矿脉[2]和贵金属矿，这些矿石宝藏自然属于洞穴的主人，更何况龙的本性也会驱使它去占有这些宝藏。高空之龙是特立独行的旅行者，是固执孤独的漂泊者，它会在漂泊路线上设置好几个栖身之地。传说，一些亚洲血统的高空之龙还会住在巨大的云朵中。

不丹[3]是一个与中国西藏自治区相邻的小国，也被称为“雷龙之国”。
高空之龙可以飞上9000多米的高空，飞越喜马拉雅山脉……
那里的气温和大气压之低都是世界之最。

如何观察龙族和保护自己

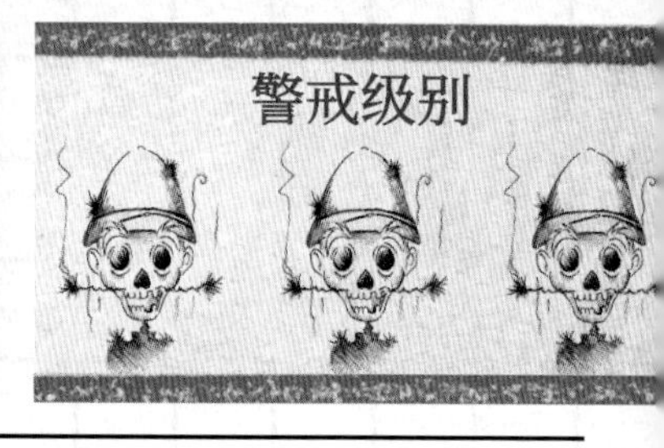

慢慢地，它张开了翅膀；慢慢地，我看见它在盘旋。
它就在我身旁，翅膀挥动的瞬间，玄鸟从天而降，立在我面前……

★ 现场观察 ★

强中自有强中手！

-特别注意！！！你是不是想用一张羊皮盖住自己，并且以为与高山地区的景色融为一体才更安全呢？其实，在观察高空之龙的时候，这样的做法反倒十分危险！你可能不仅就此断送了猎龙人的职业生涯，还可能被巨龙抓住，直接变成美味的烟熏羊肉汉堡或是香酥烤羊腿……

-高山地区流传着一个不幸的故事，这里的猎人们常常用这个故事相互提醒，避免灾难再次发生，这个故事讲述了本杰明·格雷维尔的遭遇。事情发生时，本杰明已经跟踪一只巨龙好几个星期了，这只巨龙常在阿尔巴尼亚的北部高原出没。突然有一天，他望见那只龙躺在远处深谷的洼地里。他就往龙的方向靠近，这一路既耗时又艰辛，光是爬山就得好几个小时。最后，他终于走到了深谷旁边，藏在一块大石头后面，那里离巨龙很近。这时，一声刺耳的叫声迫使他停下脚步！

那是一只土拨鼠的叫声，为的是向它的同类发出警报！回过神时，高空之龙已经飞走了，消失在空中，只留下本杰明懊恼又失望。

看一看报纸吧！

· 如果不能成为杰出的飞行员，也不是滑翔机[4]的王牌选手，亲眼见到高空之龙的机会恐怕微乎其微。

· 做一些调查和采访、看一看报纸应该都会帮助你找到高空之龙。当然，你还需要多一分耐心，经常去那些家禽家畜定期减少的地方看看，也许就能找到高空之龙了。

· 另外，抓住时机也很重要，特别是在黎明时分，高空之龙会离开建在高空的栖息地，去高山牧场捕食臆羚[5]或绵羊，直到吃饱为止。

不要犹豫。
可以用点儿计谋！
在合适的地点埋伏好，
并保持机警……

神兽与怪物部

全球安全总局

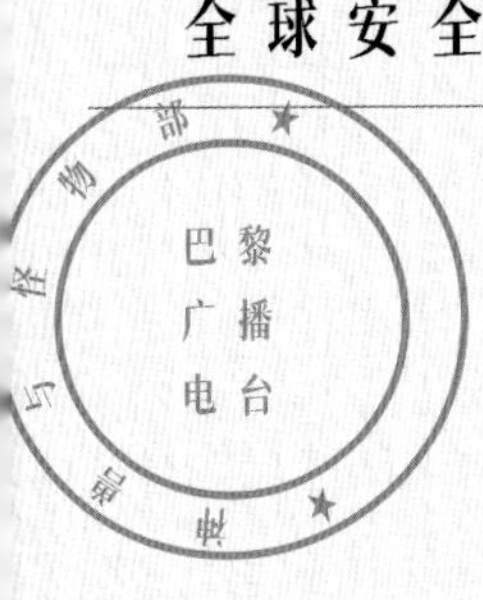

极其重要的 信件

攀登高山需要非常过硬的身体素质。你通常要背上大容量的背包，装上所有必需品，还要不停地登高、攀爬、下坡……

所以，平时要多锻炼身体哦！锻炼的方法有很多，比如：单脚跳爬楼梯、跳绳，甚至帮你的邻居提购物袋……另外，你要特别注意，高空之龙有着灵敏的嗅觉。所以在你靠近它的过程中，一定要逆风行走。

你忠实的朋友

提莫特

瑞士卢塞恩州的史书记载，当地一位名叫斯坦富林的农民有着与本杰明相同的遭遇。那是1421年的仲夏，那年的收成不错，斯坦富林正在田里收庄稼。突然，他看见一只巨龙从天而降，落在不远处。

斯坦富林吓得不轻，一度晕了过去。等他醒来的时候，巨龙已经飞走了，这位瑞士农民的周围却留下了一圈早已风干的血迹。血迹正中间摆着一颗闪闪发光的红宝石。

第20年－第5679期 瑞士 日内瓦，1889年5月6日

高山牧场日报

皮拉特山的巨龙：又回来了？

年轻的牧羊人安杰洛·马杰里亚兹正赶着羊群前往皮特拉山的高山牧场，突然刮起了狂风，下起了暴雨，他不得不在上康布地区的悬崖下面避雨。暴风雨渐渐平息，趁着这个间隙，他赶紧去寻找那些走散的小羊，有的小羊跑进了山谷，有的跑进了附近的小山沟。尽管安杰洛非常努力寻找着走失的小羊，他的布列塔尼猎犬[6]小螺号也坚持不懈地帮忙，可还是有几只小羊一直没有找到。第二天，天刚蒙蒙亮，牧羊人就起床了，他要继续去找那几只迷路的小羊。小螺号能听到哪怕最轻微的咩咩声，它陪着牧羊人继续寻找，这时远处一声鸣叫引起了牧羊人的注意。通常一听到声响，猎犬就会冲出来驱赶到处乱跑的羊群，可是今天小螺号却吼叫着蜷缩在牧羊人的腿边。附近有一片崩塌的碎石堆，在朦胧的晨光中，安杰洛只能看到离他最近的一部分石头。他告诉记者："当时，我的心怦怦乱跳，我也不知道为什么。"虽然害怕，但他还是坚定地往前走。他走过了那片碎石堆，然后，走到了神父弗朗索瓦在大牧场的地界上。

牧羊人安杰洛声音有些颤抖地说："我感觉到事情不妙，羊都在那里，可是它们像是被石化了，一只挨着一只躺在地上。"他补充道，"紧接着，那个鸣叫声又出现了，吓得我不敢动。声音越来越近，越来越刺耳。我躲在一块大石头后面，那天北风呼啸，小螺号吓得像枯草一样颤抖……就在这时，它出现在天上，像一只巨大的鸟。我紧紧地握住牧羊棍。我的腿重得像格鲁耶尔奶酪一样，动弹不得。它轻盈地落到牧场草地上。跟做梦一样。它巨大的爪子抓起了好几只羊，然后，它就飞走了。"

在看到那长着翅膀的巨型生物的一瞬间，可想而知，年轻的安杰洛该是多么害怕、慌张，此外，他见到自家小羊如此悲惨的命运，又该是多么痛苦……

今天，距离悲剧发生已经好几天了，安杰洛仍然十分气愤。他向记者表示，他要去巨龙消失的山峰找它算账，并信誓旦旦地说要让巨龙把他的羊吐出来！

山谷的居民对他的提议并没有什么响应的热情。卢塞恩当地的一位面包师接受了我们的采访，他直截了当地说："哪怕山顶上有整个世界的黄金，我也不会上去送死！"

最后，就让我们祝牧羊人安杰洛好运吧，我想他也许还有忠实的伙伴小螺号助他一臂之力吧！

未完待续……

杰尔曼·拉·费克拉兹

文章选自权威日报《高山牧场日报》。

这是一段具有借鉴意义的亲身经历！！！真是勇气可嘉……

笔记和草图

高空之龙挥动翅膀极其有力，它完全配得上“空中邮差”的美誉。

饥肠辘辘的高空之龙会暂时离开高空，到较低海拔的山坡上觅食。那里环境优美，水草丰沛，众多肥美的家畜都是它的佳肴。

山地牧场有着更温和的气候和更有利的生活条件，所以，高空之龙的一些远亲早已适应了在这里的生活。

通过观察这些远亲们的后代，我们发现它们的身体特征已经不再能适应横贯大陆的飞行了……

森林之龙

亲爱的读者朋友们，相信你们看到这只龙的名字就什么都明白了，

森林之龙，既出生在森林里，也生活在森林里！

神兽

传说中的怪物

★ 龙档案 ★

编号：145

名称：希尔梵·德拉克

- 职能：猎人
- 尺寸：5米～8米

希尔梵·德拉克的头部
1903年5月30日

特征：

*它的翅膀不算宽大（全部展开，长度也只有2.5米）。它的尾巴很长，布满了尖针和倒刺。

*它有四只爪子，都极其发达和锋利。

*它长着圆锥形状的、带螺纹的向脑袋后方生长的角。

*它擅长释放毒气，如果不是万不得已，它是不会喷火的。

尾巴上的尖针和倒刺

★ 你必须知道的事 ★

也许某一天，一定不是在别的什么地方，就是在那一簇簇绿色的树叶下面，在那林中空地的边缘，或是在那茂密树林的幽深处，森林之龙会找到自己的栖身之地。其实，森林之龙就是想从人类的眼前消失，或者说是想被人类从记忆中抹掉，那么，还有比沉浸在幽深的植物海洋中更好的方法吗？不过，你可别误会，论出身，森林之龙其实是空气和信风[7]的女儿，只不过现在已经能适应新的生活方式了，或者说适应了更接地气的生活方式。

森林中到处都是藤蔓植物和纠缠的树枝，想要彻底展开翅膀并不容易，所以，经过几个世纪的进化，森林之龙的生理结构已经发生了变化。它的翅膀失去了原有的活力和宽大的翼展，原先修长的骨架也变得越来越圆，像是圆滚滚的母鸡，这样的轮廓变化着实让人意想不到。

森林之龙的境遇真是令人心痛，如果你已经听得义愤填膺，我会仔细听你为它仗义执言！

我们怎么也无法想象，一艘自带翅膀的巨型帆船竟然会变成一只圆不溜丢、鼓鼓囊囊、呼哧带喘的胖鸡？万一狂风大作，它是不是还像没吃饱一样摇摇晃晃呢？你放心吧，万幸它还没到那一步！森林之龙仍然保留了一些飞行技能，但是也别对它期望过高，因为不论是短距离飞行还是长距离滑翔，它好像都不大擅长了。

★ 栖息地 ★

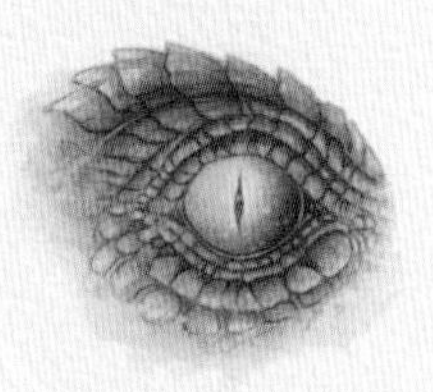

森林之龙的住所通常搭建在杂乱的岩石之中。白天的大部分时间，它什么也不干，只是蜷缩着躺在长满苔藓的石块之间，并且会变成苔藓或石块的颜色。亲爱的读者朋友们，我敢说，也许某一次你在森林中漫步的时候，就不知不觉跟森林之龙擦肩而过了！

古老的矿山、城堡的废墟，又或是各种岩洞，都可能是森林之龙的藏身之处。

森林之龙是沉睡的巨兽，有时候它会在适合做梦的地方睡上好多年。渐渐地，大自然中保护性的腐殖土就会覆盖在它们身上，这样一来，它们就从人类的眼前消失了。

如何观察龙族和保护自己

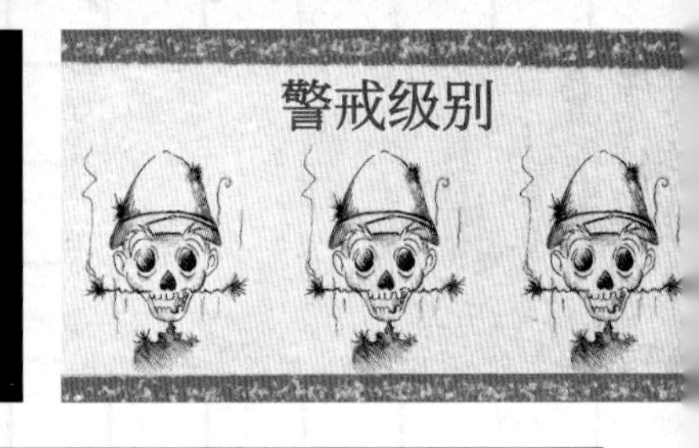

考虑到你还是初出茅庐的猎龙人，我就多给你提供些线索，以便能帮你成功追踪到这只森林怪兽！

★ 现场观察 ★

观察森林之龙的风险级别是最高的！要想拜访这只大型猎食者，你一定要离它远一点，站在它触不到的地方。

- 找一片视野良好的林中空地，在空地的边缘找几棵大树，在最高的树枝上修建你的观察站。尽可能优先选择耐火树种，例如橄榄树或是软木橡树。

千万避开含树脂成分的树！

- 你有可能会在最意想不到的地方发现森林之龙的踪迹。此外，在你探险的过程中，不要忽视那些小树丛。即便只是像我家后院的那种小树丛，也可能庇护着由于滥伐森林而失去家园的森林之龙。滥伐森林已经影响我们的乡村近两千年了，森林之龙的领地因此越来越小，它们的食物来源也越来越受限，然而森林之龙又生性胆小，为了生存，它们只能不断地缩小自己的体形。想要能尽快找到森林之龙，就要像猎犬一样灵敏，果断行动起来。

- 有时候你还需要手脚并用，匍匐着观察地上是否有什么动静，从而确定森林之龙白天的时候藏在哪些岩块下面。夜幕降临时，它会小心翼翼地出来觅食，比如去附近的牧场吃几只羊或者几只流浪狗。

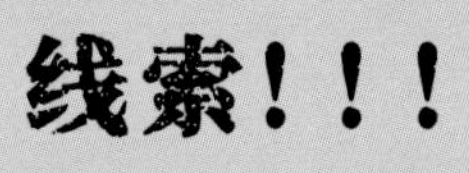

线索！！！

· 你要留心是否存在石堆、岩矿、散乱的岩块，还有支石墓[8]或巨石柱。

· 以上这些地方的附近可能还会有成堆的骨头、犄角，甚至还会有扭曲折断、发黑斑驳的铠甲、头盔等。

· 留意硫黄的气味，以及含有腐殖土的混合物的味道。

· 森林的某些地方可能很重要，那里被压抑的寂静笼罩，就连鸟类和小型哺乳动物也逃走了。

· 你还要注意森林里突然出现的池塘或喷泉，里面的水一直在沸腾，并散发出浓烈的腐肉或烂鸡蛋的臭味……

· 另外，注意观察植被密集的地方是否突然出现大窟窿，那些窟窿都是森林之龙的宽阔“马路”，它可能经常从那儿经过。

· 最后，我要提醒你注意各种各样的林中空地，或是被大火烧过的宽阔空间。

收指示 | 菲尼斯泰尔省邮局 莫尔莱市 30-11 1876 | 邮电局 **电报** | 发送指示

属性	来自	属性	编号	字数	发报日期	服务批注
TXT	FR	20008	44	30/11	7h	

发送信息填写（请用正楷汉字填写，保持字迹清晰可读）

猎龙人应当谨慎行动，因为这种龙的嗅觉十分灵敏。

此外，如果你需要长时间埋伏，请考虑在口袋里和包里放些野花、枯叶，放薄荷更好。

友情万岁！

发送者姓名和地址：提莫特

请你不要掉以轻心，森林之龙并没有失去凶猛的特性，它甚至已经成为同类物种中最强大的捕食者之一，这也得益于它体内储存了用之不竭的能量，像个取之不尽的食品储藏室。

在森林之龙出没的森林里，生长着一种长春花，在当地也被称作蛇形紫罗兰或巫师紫罗兰。它拥有一种神秘的力量，可以让人产生幻觉，看到奇妙世界。

事实上，富饶的大森林里有各式各样的猎物，它们都有可能成为森林之龙食谱上的丰盛佳肴，怎么也吃不腻。

鹿、獾、野猪……应有尽有，没有哪种生物能躲过它饕餮[9]般的胃口。

大森林里的巨龙

她的名字叫莱娅，但在村里的孩子们眼中，她从来就没有名字。孩子们都喊她“小邋遢”，还经常向她扔石头，甚至诅咒她。莱娅一直住在大森林的边缘地带，她的外婆抚养她长大。关于外婆，村里的人们都叫她“疯老太”。不得不说，外婆看起来确实是那个昵称描述的样子，她裹着一条炭黑色的旧披肩，银白色的头发又蓬又乱，像被狂风吹过似的，她的指甲很尖，眼睛明亮，目光如炬。

对于莱娅和外婆来说，大森林就是她们的大花园。外婆清楚地知道大森林里的每一条小路，她常常领着莱娅在大森林里散步，一边散步一边告诉莱娅关于鲜花、香草和蘑菇的奥秘。每当她们回到小屋，她们会将炉子里的火扇旺，直到火苗噼里啪啦地响，然后将采来的果实倒入一口大锅，开始调制神水和魔药。可是，突然有一天，年迈力衰的外婆消失在了大森林里。莱娅不得不独自面对村民们的恶意。但她还是像外婆以前教她的那样，没有抱怨、不知疲倦地去治疗那些高烧不退、肢体残疾和被病毒感染的村民，尽管这些人曾对她恶意满满。一个冬天的晚上，一群流氓拿着棍棒驱赶莱娅。她吓坏了，只好躲进了大森林里。那个晚上，大森林里冰天雪地，寒冷至极，狼群嚎叫了一夜。

隔天，到大森林里伐木的村民们发现了莱娅。她静静地躺在一株蔷薇花下，那花儿开得温柔动人，猩红的花瓣无比美丽。她死在了雪地里。当天晚上，大森林里地动山摇。狂暴的轰隆声在那里回荡，烟灰色的云尘盖住了整个村庄。那天晚上正逢平安夜，正是大家团圆相聚共庆圣诞佳节的时候，一个巨大的阴影却笼罩了整个村庄。

在月亮的微光下，一只长着翅膀的巨型生物出现了。它的身体是炭黑色的，鬃毛是银白色的，它的眼睛明亮，目光如炬。它又长又尖的爪子伸向村里的房屋，张开大嘴吐出炽热的火焰，树木燃烧起来了，房屋燃烧起来了，像一束束火把都燃烧起来了。

男人们、女人们、孩子们在那冰冷的夜晚惊恐失色、慌乱而逃。

很多年以后，那只目光如炬的黑色巨龙成为了大森林的主人，然而它还是有些胆小怕生。

据说，在那以后，为了缅怀莱娅，每年冬天，每个平安夜，一簇簇蔷薇花都会开满大森林，温柔动人、无比美丽。

笔记和草图

当黑暗侵入森林时，森林之龙就会苏醒。它难以忍受饥饿的折磨，准备开始新一天的猎杀行动了……

虽然身体有些微胖，但这不影响它在树林里穿行。它在夜间行动，跟所有的大型猎食者一样，它的动作既轻缓又果断。

夜视能力是森林之龙与生俱来的，所以即便在夜间，它也能掌控猎物的一举一动。

这只龙正伺机而动。它准备伏击一群狍子。

沼泽之龙

沼泽之龙像幽灵一样在夜里出没，每天晚上它都游荡在泥炭地和沼泽地的水汽里。

神兽

传说中的怪物

★ 龙档案 ★

编号：148

名称：帕鲁德·德拉克

- 职能：夜间猎食者
- 尺寸：5米～8米

特征：

*它身体的构造和生活方式都与它赖以生存的自然生态系统完美融合。

帕鲁德·德拉克的头部
1918年10月4日

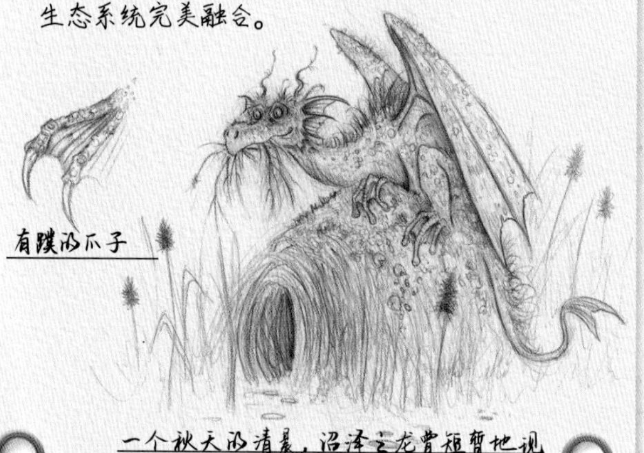

有蹼的爪子

一个秋天的清晨，沼泽之龙曾短暂地现身艾利兹沼泽。

★ 你必须知道的事 ★

沼泽之龙是泥浆和污水的掌控者，它统治着泥炭地和沼泽地，不过它却没有看起来那么危险可怕。它扇动翅膀的声音很微弱，鸣叫声短促而刺耳，身形也比较纤细，看看它那倒映在水坑中的黑影就知道了。沼泽之龙还将拟态[10]做到了极致，因为它铠甲似的鳞片可以像调色板一样逐渐接近周围环境的颜色，然后变成周围的颜色。它从来不把水汽和迷雾看作障碍，它可以不知疲倦地飞越自己守护的洼地。正是由于洼地土质贫瘠、资源匮乏，才造就了沼泽之龙纤细和轻巧的身形。

沼泽之龙最主要的食物来源是生活在沼泽地里的哺乳动物，尤其是海狸鼠，那可是它最爱的美味。每天的黄昏时分，沼泽之龙会返回自己的住所，途中要是碰到了白鹭，它也会毫不犹豫地抓住它们。

白天的大部分时间里，沼泽之龙都会蜷缩在白雾霭霭的芦苇丛中打盹儿，昆虫的嗡嗡声、青蛙的咕咕声都是它的摇篮曲。对于人类而言，沼泽之龙的生存环境十分恶劣，这也是沼泽之龙家族能够生生不息的关键。

★ 栖息地 ★

沼泽之龙生活在沼泽地的中心地带，常在灯芯草丛和芦苇丛中安家。它对自己的领地有着强烈的归属感和依恋感，几乎从不远离。很少有动物会像沼泽之龙那样爱冒险，因为终究有一天，它会长途跋涉，回到出生地，并在那里静静地死去。那时，它便消失在了沼泽深处，或者说，它与沼泽深处融为一体了。

这只沼泽之龙有着令人叹服的游泳和潜水技能。它的四只爪子上都有蹼，尾巴上也有。它可以在水下停留好几分钟。

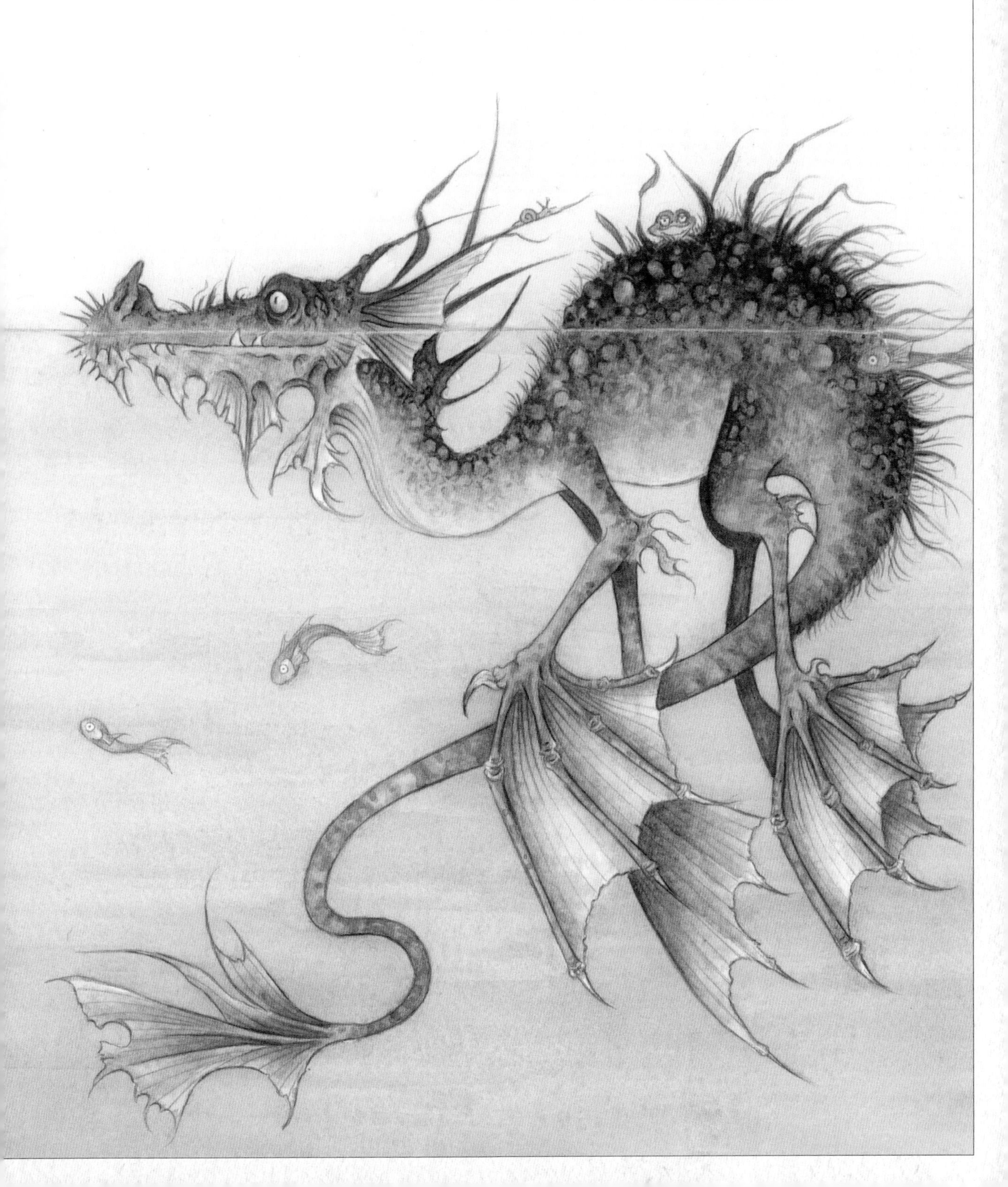

如何观察龙族和保护自己

自蒙昧时代[11]起，人们就开始祭拜沼泽之龙，沼泽地里隐藏着被遗忘的宝藏，而沼泽之龙是真正的宝藏守护者。

★ 现场观察 ★

如果要安营扎寨，一定要到沼泽地的堤岸上去。记住，沼泽之龙是在夜间活动的生物，所以最好选一个有充足月光的夜晚。而且要将自己包裹好，因为沼泽地的空气特别潮湿。

- 保持安静！泥沼的周围通常是一片死寂，即便是最轻微的响动也可能导致胆小的沼泽之龙躲在家里不敢出来。然而，通过巧妙地修剪芦苇秆，你有可能成功做出一只“御龙哨”。然后就试着有节奏地吹几下短哨吧，你会非常惊讶的，因为你也许能亲眼见到美妙的沼泽之龙！

- 自蒙昧时代起，人类就开始祭拜泥炭地和沼泽地。所以也有各种各样的习俗流传下来，比如向沼泽地敬献供品，供品包括珠宝、金银钱币、名门兵器等，甚至有的习俗还要用活人祭祀！沼泽之龙就这样成为了这些宝藏的守护者，但它并不愿意将这些宝藏据为己有……

“从前，人类的先祖惊恐地看着九头蛇兴风作浪、巨龙喷火；猛兽可怕的力量凌驾于人类之上。”

——维克多·雨果

线索！！！

· 你要留心是否有什么地方总被层层厚雾笼罩，那里还总有股恶臭，别害怕，那是腐烂植物发出的臭味（一般是硫黄的味道），如果有这种地方，那么沼泽之龙的居所就在附近了！

· 仔细观察有没有略带蓝色或朱红的淡淡微光，我们把这种光称为鬼火，这也是周围有沼泽之龙出没的信号。

· 要是发现了废弃的小教堂或是碎石堆积起来的柱子呢？这些都是沼泽之龙喜欢的地方！那你就赶快找个地方藏好，等着它现身吧。

· 如果你发现“遗忘之草”长满了沼泽的堤岸呢？这也是有效的线索哦！但要注意的是，千万别用手触碰这种神奇的植物，不然你会整晚都在沼泽地里兜圈子，直到第二天凌晨才能找到出去的路。

写在最后的小提醒

- 记得带上防蚊液！
- 当心沼泽里的毒气，也要小心沼泽之龙呼出的有害气体。
- 夜里行动时，千万别回应沼泽地小怪物的召唤，也不要追随它们制造的“鬼火”！
- 最重要的一点：不要冒险踏入泥炭地。一定要站在堤岸上！！！

你知道吗？

累积了腐烂植物的泥层是非常不坚固的，稍有不慎就可能陷进泥潭深处。另外，你要知道这种泥层是密闭无氧的，能让尸体千年不腐坏。因此，你或许有机会挖出一只被沼泽吞噬的巨龙，或者一位远古时代英勇的人类先辈。

沼泽地里的波尔皮坎

*有一群住在池塘和沼泽地附近的小怪物，被叫作波尔皮坎。它们能穿行在宽广的、海绵一般的沼泽地上，挥舞着燃烧的手杖，在没有月亮的夜里发出点点光芒。

沼泽之龙是生活在湿地深处的会飞的哨兵。只有在冬日清晨，在像这样的潮湿的空气中，它扇动翅膀的细微声音才会短暂暴露它的存在。但不一会儿，它就会消失在蒙蒙雨雪织就的灰色帷幕后面。

沼泽地惊魂夜

在沼泽地里探险其实比遭遇猛兽还要危险！在探险的过程中，你千万不要被遥远的呼唤声、轻快的音乐或是耀眼的光亮所迷惑。当然了，你不妨想象这些幻觉都来自一个旅馆，你可以计划着等会儿回去就敞开肚子吃一顿丰盛的晚餐，就算一整天都没有追踪到沼泽之龙，你还是得犒劳一下自己。此时，可能你的肚子真的饿得咕咕叫了，不过为了早点到达目的地，你决定假装不饿。你小心翼翼地走进一条无名小路，然后兴高采烈地加快脚步向前走，想象着前方有配着蔬菜的羊腿大餐，而且似乎已经闻到了大餐的香味。不过就在这时，想象中的灯光和音乐突然消失了。

厚重的云层已经托不住雨水了，泥沼和乌云一同在昏暗的暮色中无限延伸。倾盆大雨砸向昏暗的泥沼地的积水坑，你的心脏在胸膛狂跳，仿佛要跟着雨滴一起打节奏，只不过节奏既阴森又沉重。你想往回退，但双脚却已经陷进了海绵状的泥地。

接着，传来阵阵狂躁的风声，还混着阵阵大笑，让你瑟瑟发抖。大雨如注之时，你看到一道光，虽然它在雨水中一会儿亮一会儿灭，但它始终没完全灭掉，而这时候它又在远处亮了起来。你看到它不停地移动，似乎一直向左，向着沼泽深处移动……这道光如此美妙，成了你唯一的希望。你艰难地把脚从泥潭里抽了出来。走着走着，你的靴子好像都丢在泥潭的某个地方了，可是十万火急，你什么也顾不上了，只是坚持着去追那道微弱的光。你感觉口鼻处满是恶心的泥浆味和腥臭的污水味。

不管狂风如何拍打，你仍然继续往前走，一直往前走。你越来越接近那道光了，它也变得越来越亮。希望就在眼前！这份疯狂的执着温暖着你快要冻僵的身体。突然，数十盏灯笼在你周围亮了起来。你恢复了一点体力，你想走完最后几米，这样就能抓到那道光了，不过这时周围发出阵阵笑声。你疑惑不已，不过你随即发现，那是一群从芦苇丛中冒出来的波尔皮坎，它们破衣烂衫，而且看起来都很凶残。这群部落的小怪物在周围大喊大叫，其中一个表情狰狞的小怪物挥舞着一根长枪走到你身边，将你推入泥淖里。

慢慢地，你越陷越深。然而，正当冰冷的泥水渗入你的耳朵时，你看到天空被一道闪电照亮，你多年寻觅却始终找不到的沼泽之龙出现了。你心满意足了。

你从未信过神，但此时此刻一只喷火的巨兽正从你眼前飞过，在这大雨滂沱的沼泽地的夜空中狂暴地盘旋！

* 沼泽地小怪物

笔记和草图

磷火在泥炭地上飘来飘去。

黄昏时分，忽明忽暗的小小火焰出现了，在沼泽地的积水坑上空舞动……那是鬼火还是波尔皮块呢？

沼泽地里的死水是奇怪生物最佳的藏身之处。

沼泽之龙飞行的时候非常安静，它的飞行动作很有自己的节奏，它会长时间滑行，保持翅膀不动，构成一个宽大的 V字形。

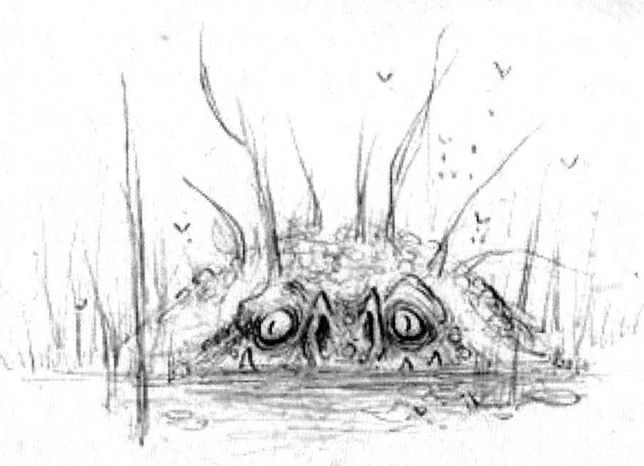

这只龙已经埋伏许久了，它准备伏击猎物并将其一口吞下。那么，它的猎物是什么呢……或许是一只青蛙？

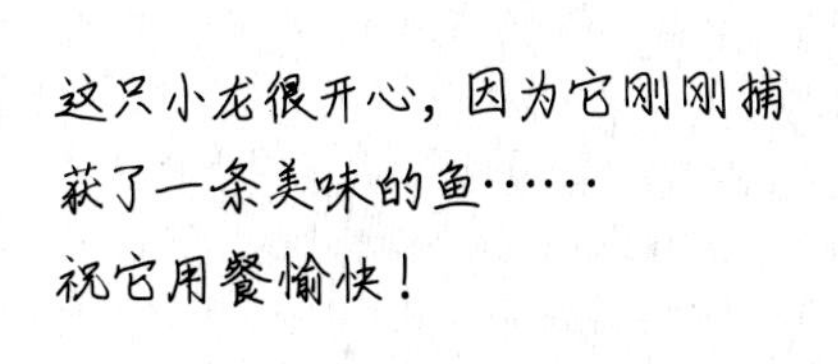

这只小龙很开心，因为它刚刚捕获了一条美味的鱼……
祝它用餐愉快！

海洋之龙

海洋之龙有着流线型的纤细身形，它好似大海上的巨型战马，拥有无与伦比的巨大身躯。

神兽

传说中的怪物

★ 龙档案 ★

编号：204

名称：奥切安姆·德拉克

- 职能：毁灭型猎食者
- 尺寸：超过50米

奥切安姆·德拉克的头部
1904年5月26日

特征：

*鳞片：银色

*体形：非常长，流线型

*翅膀：十分庞大，还相当强壮

*尾巴：很长，并且可以掌控方向

*爪子：有四只，又宽又锋利

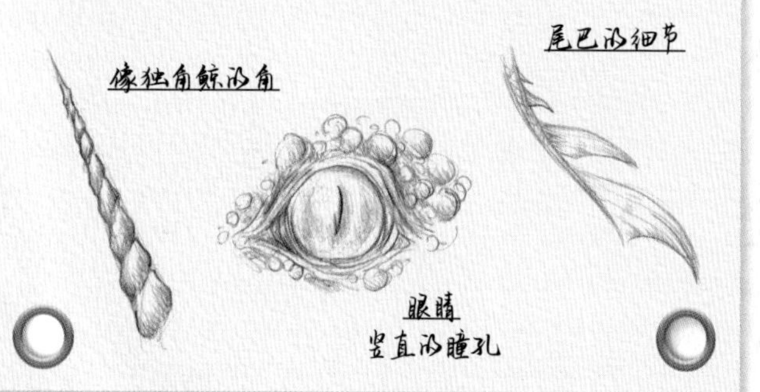

★ 你必须知道的事 ★

就像一艘劈波斩浪的三桅帆船

海洋之龙是巨型捕食者，也是神秘的独行侠，它的身躯跟一艘三桅帆船一样长（超过 50 米），当它的翅膀全部展开，更是与三桅帆船相差无几。**所以，它能够飞越几片大洋，中途根本不需要休息。**海洋之龙可以阻击世界上最凶狠野蛮的攻击，它长着无比锋利的爪子，头顶长着长长的、有螺旋纹的角，就像独角鲸的角一样。它的尾巴既可以作为强大的武器，也可以在长途跋涉的时候掌控前进的方向。海洋之龙天生具有侵略性，它也是巨大的喷火动物。在所有的巨型海怪中，它属于最可怕的一种。在大海上航行的船只但凡遭遇海洋之龙，就注定了会沉船、会被毁灭，而且只有当那些船的残骸全都沉到了海底，海洋之龙才会开始洗劫船上的宝藏。

恐怖龙族

十二世纪时，地理学家伊德里西指出，在布列塔尼的海岸附近存在某种“海洋动物，它们生活在深不可测的海底，统治那里的是无边的黑暗……”。他还补充道，“它们异常巨大，以至于很难详细描述……”！！！

★ 栖息地 ★

矛盾的是，似乎大多数住在深海的海洋之龙比很多其他海洋生物更能适应在陆地上的生活。至少在我们的设想中是这样的。因为其实还没有人能够活那么久，能够在有生之年详述它们的居所。

亲爱的冒险家，你也许会是第一人哦！！！

在塔斯马尼亚岛的西海岸，在咆哮的海浪轰隆声中。

如何观察龙族和保护自己

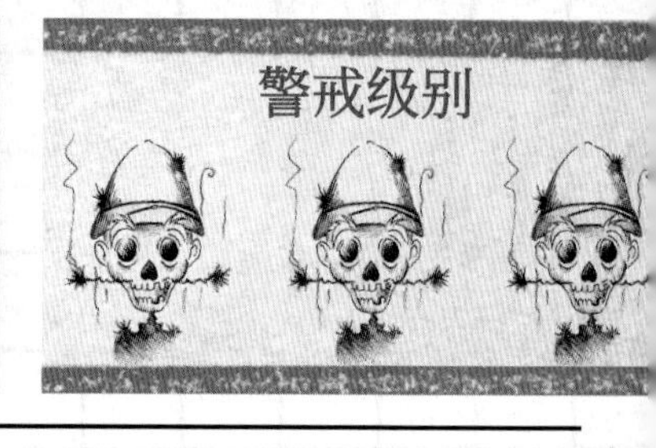

海洋之龙是海难的始作俑者，想要追踪它的踪迹，你可以潜入档案馆找找资料，也可以去图书馆，在那永远风平浪静的书的海洋里遨游。

★ 现场观察 ★

我们这次的探索可能会再次局限于假设和猜测。我想我们应该都还记得那些古老的地图吧。从地图上看，当时最聪明的学者都认为，我们的地球像煎饼一样又大又平，而且所有的大洋都汇入一口挤满可怕怪物的沸腾的大锅里。

- 正因为人类总有各种局限，所以我们必须继续探索，甚至去那些暗礁丛生的、风雨呼啸的、堪称恐怖的地方探索。也许，地球上的某些区域埋葬了世界上最强大的舰队，水手们的身体和灵魂都在那里沉没。不用怀疑，在这些沉没点的周围，我们能在浅滩上找到与海平面齐平的洞穴，还有连航海图也无法定位的岛屿。这些洞穴会随着洋流的流动而消失，火山岛也会瓦解在海洋中，以便时机到来时更好地重生。

- 无论是沙漠化了的海岸线，还是狂风席卷的荒芜无比的海岸线，都十分适合海洋之龙这种有翼生物建立种群。我敢肯定，有一部分海洋之龙曾经生活在海浪咆哮的塔斯马尼亚岛海岸，或是巨浪滔天的巴塔哥尼亚海岸。不过，我们也不能忽略那些过于熟悉的、甚至看起来微不足道的地方。如果现在我们所参考的线索还没被先前的探险者用过的话，那么一次（谨慎的）探险应该可以在沙滩或海底洞穴中发现海洋之龙的踪迹，以及深埋在海底洞穴地下的宝藏……

没那么容易……

· 如果你愿意，那么到远海去观察巨龙是一项十分吸引人的实践，当然也是一项十分艰巨的任务。我建议你驾驶一艘小船到远海去乘风破浪，直面飓风和海盗，要是你能够战胜所有困难并幸存下来，你将有希望看到某只海洋之龙的尾巴，当然了，这个计划也可能会落空。

· 另外，我建议你主动去找那些常泡图书馆的书呆子帮帮忙，此刻他们也许正在你身边打瞌睡呢。还有一项非常需要耐心的细致工作可以做，就是到档案馆和博物馆里去找资料，但同时这件事也将给你带来无穷的乐趣，你一定会有激动人心的发现的！

实践练习

- 在档案馆和图书馆里着手调查的期间，你可以查阅古老的探险手记、沉船指示图、货轮的货物信息、海员们讲述的迷信传说……
- 将以上信息定位到一张平面地图上。可以肯定的是，你标出的这些区域应该可以连起来，并且透露出重要的线索，你甚至可以据此画出那只经常在这些地方出没的海洋之龙的大致轮廓。
- 还有更重要的！你能够在上述的区域内确定海洋之龙建造住所的地方，与此同时，根据所有的线索，你还可以选择好下次度假的目的地！

毁灭型巨龙：是神话还是现实？

海洋之龙对宝石和贵金属的强烈渴望是全世界公认的。它灵魂深处总有着这种渴望，这才驱使它们去搜集宝藏、隐藏宝藏。面对那些掠夺或交换而来的传世宝藏时，又该如何抵挡住诱惑呢？当海洋之龙的尖牙利爪摧毁了人们的肉体，当它的血盆大口喷出的火焰烧毁了舰队和船只，我们就会发现，那些“海上财富”最终都会沉入漆黑的海水中，那些如西班牙无敌舰队[12]般强大的船队也都会被飓风吞噬，甚至都没有幸存者能详述那恐怖的情景……

注：此地图是虚构的。

“玛丽苏西”号海难事件

这份文件的原件是在一个漂流瓶里找到的，那是1748年的春天，这个瓶子漂到了西巴布亚的海岸上。皇家海军博物馆馆长迈克·波波斯少校给我寄了一份该文件的复印件。仅在此文开头向他表示感谢。

荒岛，太平洋！1730年，好像是7月吧？

狂风呼啸了一整夜，风的威力大极了，不仅吹断了船头的桅杆，船上的厨师安格斯·奥尼尔也被吹得掉进了海里。那狂风在海上尽情屠戮，毫不留情，这片太平洋南部海域也一样疯狂。一直到第二天早上，500吨级的三桅战船“玛丽苏西”号才终于行驶在了平静的海面上，只不过现在船帆破烂漏风，船舷也被毁了。船长的心情糟糕透了，水手们忙着修理这只劫后余生的旧船。劫后余生，我们何尝不是跟这艘船一样。昨晚真是如地狱般恐怖，帆船被海风和海水吹打得剧烈摇晃，我们水壶里的水变成了一坨坨冰块，大家熬了一夜，眼睛通红，个个急得像热锅上的蚂蚁。此外，即使没有人说话，昨天晚上也都听到了嚎叫声，还看到了一些闪现的火光。那些恐怖的嚎叫声与暴风雨的咆哮声混在一起，此起彼伏。那嚎叫声……不像是自然产生的，更像是什么生物在说话……

中午时分，当听到瞭望员在桅杆的哨岗上大声呼喊“左舷靠岸！”，阵阵欢呼声响彻整个“玛丽苏西”号！我甚至还跟船上的老伙计山姆·贾格尔一起跳起了快步舞，山姆是个优秀的小提琴手。我心想，拖着我这条木腿跳舞，也真是难为自己了。在大海上漂了几个月后终于回到了陆地，我年迈的身体似乎重新振作了起来。当船上的首席士官下令让我和山姆去清点救生艇、侦察小岛的时候，我真是开心到了极点！

显然，我和山姆现在浑身是劲儿，而且毫不吝啬自己的力气！昨天在海上漂流的时候，那滋味真是比爱尔兰啤酒还寡淡无味，不过现在就有意思多了，这座小岛的轮廓逐渐清晰起来。蔚蓝的天空中，淡淡的薄雾像一张细网罩住了山峦。直到我们靠近小岛，首席士官都一直在用他的望远镜看着远方。他一直阴着脸，我立刻察觉到应该是有什么不对劲的地方。于是我问他：“有什么问题吗，长官？”但他没有回答我。

我们一上岸，紧张的程度又上升了一个档次。当然了，我们其实一直能听到海浪拍打黑色沙滩的声音，也能听到砂砾被巨浪卷起的声音。但仅此而已，并没有别的声音。既没有最平常的鸟类聚集的叽叽喳喳声，也没有附近森林的喧嚣声。

一片寂静，死气沉沉！

还有被烧焦的木板，以及散落在沙滩上的白骨……

在我们期盼又好奇的目光的注视下，首席士官终于回答了我们的问题，他有些吞吞吐吐，看起来十分忧虑："这是一座火山岛，如果你们要问我的想法，我只能说，火山很快就会喷发……"小岛的高处是一座山，山顶的云层越来越密集，空气中的硫黄味也随着风一阵接一阵地飘到我们这儿。难道我们真的这么不走运……首席士官决定先待在岛上，即使我和山姆强烈反对，但他坚持要去找一找水源，好让"玛丽苏西"号补充一下饮用水的储备。我奉命留在原地，负责看守救生艇，而我的两位同伴沿着海滩出发了，去寻找水源。正午的太阳晒得我头顶发烫，我对自己说，也许小睡一会儿也没什么关系……

让我从睡梦中惊醒的是一片巨大的黑色阴影，像面纱一样遮住天空，一瞬间天就暗了。然后，我看到海面上划过一个黑影，那个黑影直接冲向了"玛丽苏西"号。我刚睡醒，眼睛还是肿的，我看到的景象太不真实了。此时，太阳已经落到了地平线附近。或许我实在睡得太久了。又或许我现在仍在梦里，因为我眼前的场景就是一场噩梦。

那是一个长着翅膀的巨大生物，看起来和"玛丽苏西"号一样大，它俯冲向"玛丽苏西"号，将仅剩的桅杆和船帆也毁掉了。一番攻势之后，这艘三桅战船仿佛一个浮在洗碗池污水里的软木塞一样，可怜兮兮地颠簸着。尽管我离船有一定的距离，但那怪兽冷酷而愤怒的叫声还是震耳欲聋。尖锐的叫声像是要刺穿我的心脏一样。紧接着，这只巨兽再次俯冲，这次它的爪子抓住了我那些可怜的同伴们。船上很快响起了炮声，只不过，大炮在巨兽面前显得那么无力而绝望，反而激起了它更多的怒火。当巨大的火焰和炽热的黏液从它的嘴里喷出，我敢肯定我闻到了腐蚀的味道，我的胡子也被熏成了焦黄色。攻击是这样结束的——储备在船舱里的黑色火药都被巨龙点燃，"玛丽苏西"号爆炸了，那是它最后一次解绳起航，但是这次是向着天堂的方向。

山姆和首席士官再也没有回来。我在悬崖上的一个洞穴里躲了快一周，这期间没有东西吃，也没有水喝。我知道那野兽应该能感觉到我还活着。因为，每天晚上，我都能听到它扇动翅膀的沉重声音，还有那经久不息的刺耳的叫声。

它应该是在找我……

滨海之龙

滨海之龙生性胆小，兼具谨慎与稳重。它既能在空中飞，

又能在水中游。

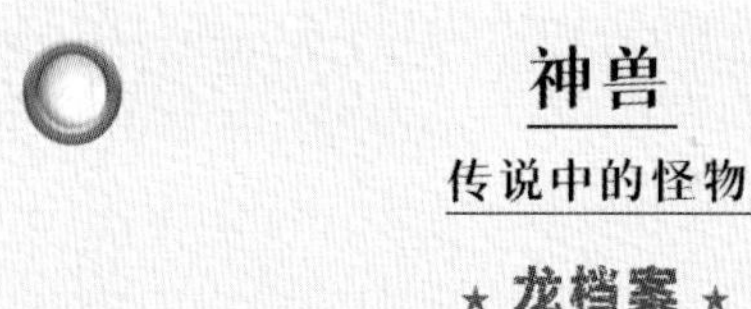

神兽

传说中的怪物

★ 龙档案 ★

编号：155

名称：马里提曼·奥拉姆·德拉克

- 职能：海滨盘旋者
- 尺寸：不到10米

马里提曼·奥拉姆·德拉克的头部

1909年5月6日

特征：

*鳞片：跟大海的颜色一样

*体形：线条流畅，又瘦又长

*翅膀：强大而精壮

*尾巴：形状细长，有尾鳍

*爪子：前腿的爪子有蹼，后腿的爪子很锋利

*它们以小群落的形式生活。

身上长着触角，有的触角上嵌着灰白陆寄居蟹

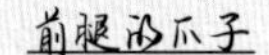

前腿的爪子

★ 你必须知道的事 ★

滨海之龙以小群落的形式生活，大约十几只为一个小群落。即便它们选择栖息在海边的岩洞和洞穴中，并以鱼类或大型海洋哺乳动物为食，它们仍然会不厌其烦地飞去海边草地上抓些牛羊来吃。

滨海之龙擅长借助暴风雨的威慑力，成群结队地捕猎，有的猎物在狂风大作时被捕食，有的猎物则会在白色浓雾的遮蔽下被捕食。只有滨海之龙自己发出的尖叫声才会暴露它们的存在。

既能在空中飞，又能在水中游

滨海之龙比陆地之龙更轻快、更苗条，它后腿的爪子上长着蹼，前腿则长着强有力的爪子。它的翅膀有双重功能，在水中（短途游动时）可以作为驱动力，在空中可以充分伸展作为翅膀。它鳞片的颜色会随着海面颜色的变化而变化；有些滨海之龙的鳞片会根据天空的颜色而变化，但一般都在蓝色和绿色之间变化。

它们在水下的活动基本上时间都很短，而且一般是为了捕食猎物。它们能够潜到海底深处，这主要得益于它细长的流线型体形，以及潜水的速度。

★ 栖息地 ★

滨海之龙生活在常有暴风雨侵袭的海边附近，你可以去这种地方找找它们的洞穴和居所。滨海之龙这个种群有不同的群属，它们分布在不同形态的洞中。我们可以仔细观察洞的周围是否有暗礁和湍急的洋流。这些暗礁和洋流会导致海难的发生，这样滨海之龙才能收集到宝藏，并把这些宝藏堆积在自己的洞穴里。

沿海地带高耸的悬崖是掩护洞穴的天然屏障，这就使得不少滨海之龙的洞穴仍被错误地命名为“蛇洞”。

如何观察龙族和保护自己

滨海之龙被认为是传说中的光荣骑士联盟，在传奇城邦伊斯古城被海水淹没时，它们幸免于难。

现场观察

当暴风雨来袭

在暴风雨天气最容易观察到滨海之龙。此外，它们居住的洞穴出口处也是最佳观察点，因为那儿时常有狂风暴雨，你不得不搭建一个观察站！记得戴上帽子，穿一双结实的靴子和一件黄色雨衣，检查装备防水性的工序也不能少……另外，最好回忆一下你上次在佩罗斯-吉雷克的假期！

从前，人类驯化了一部分滨海之龙，并将它们变成坐骑，它们那时对人类并没有明显的敌意……不过，**要警惕**，它们也并不怎么关心人类，而且观察它们本身比它们的进攻更具危险性。如果潮水疯涨、海浪澎湃，你一定害怕得不得了，汹涌的海水说不定还会将你卷走，就像农民在田间卷稻草垛一样轻而易举！

所以，你必须知道涨潮和退潮的具体时间，而且保险起见，只在退潮的时候才去探险。

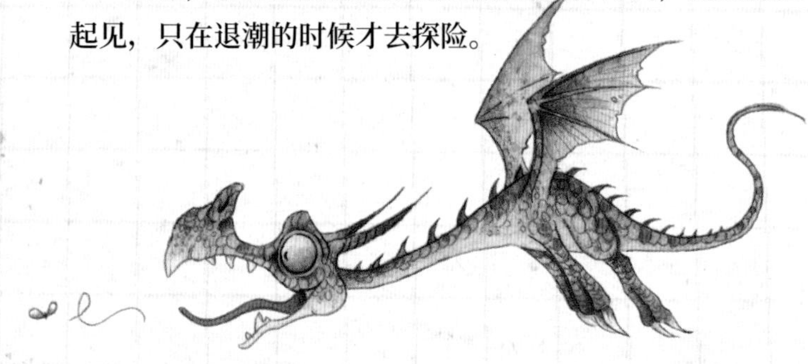

你还需要明白，去海边的洞穴探险并不一定会有收获，相反，失望而归才是常态。在这些狭窄的洞穴里，通常我们只能找到一堆被暴风雨吹进来的鹅卵石。尽管如此，我们还是得行动。据说，每个洞穴的底部都应该有一扇“让-保罗”守卫的魔法门。打开这扇门就可以通向精灵王国，滨海之龙和它们的宝藏就藏在那里！

线索！！！

· 找寻适合形成洞穴的滨海区域，并定位洞穴的位置，这是追踪滨海之龙的最佳方法。你要考虑到一些特殊洞穴的存在，例如有的洞穴入口在水面之下，却通向能提供理想居所的宽敞空间。

· 滨海之龙居住的洞穴附近往往是许多海鸟群落的栖息地。海鸥的叫声一般是“咿唔，咿唔”或“嘎嘎嘎”，湖鸥的叫声嘶哑一些，一般是“唔哎，唔哎”，而滨海之龙的叫声比较尖，比较接近“喂咿格，喂咿格”！

千万不要被这些叫声迷惑哦！

指示 | 邮电局 电报 | 发送指示

菲尼斯泰尔省邮局 莫尔莱市 25-04 1880

属性	来自	属性	编号	字数	发报日期	服务批注
TXT	FR	20155	79	25/04	18h	

发送信息填写（请用正楷汉字填写，保持字迹清晰可读）

小心！进入精灵王国可能很危险。若碰巧“让-保罗”打开了厚重的石门，你要记住，时间在精灵王国和在人类世界的计算方法不一样：精灵王国里的几秒相当于人类世界的几个小时！

千万不要流连忘返，不然等你出来的时候，已经是个头发花白、腰背佝偻、满脸皱纹的老人了！

加油！

发送者姓名和地址：提莫特

写给海边市场的阿姨们

滨海大集市

地址：佩罗斯－吉雷克市22区

龙虾路13号

订单

N°：40

日期：1978年9月15日

订货人：提莫特（先生）

一双 袜子

× 一件 上衣

× 一只 浮标

× 一件 雨衣（36码）

× 一双 靴子（35码）

× 一顶 毡帽

~~× 一个 的鱼抄网~~

神兽

传说中的怪物

★ 龙档案 ★

让-保罗

*这个怪兽是精灵王国大门的守护者，性格温和而热情。

可是，如果它看你不顺眼，你将永远无法去到那被遗忘已久的王国，也就别想找到传说中的宝藏了。

所以，你要给它准备一箩筐的上等好酒和精致美食。

它会非常喜欢的！

伊斯古城的巨龙

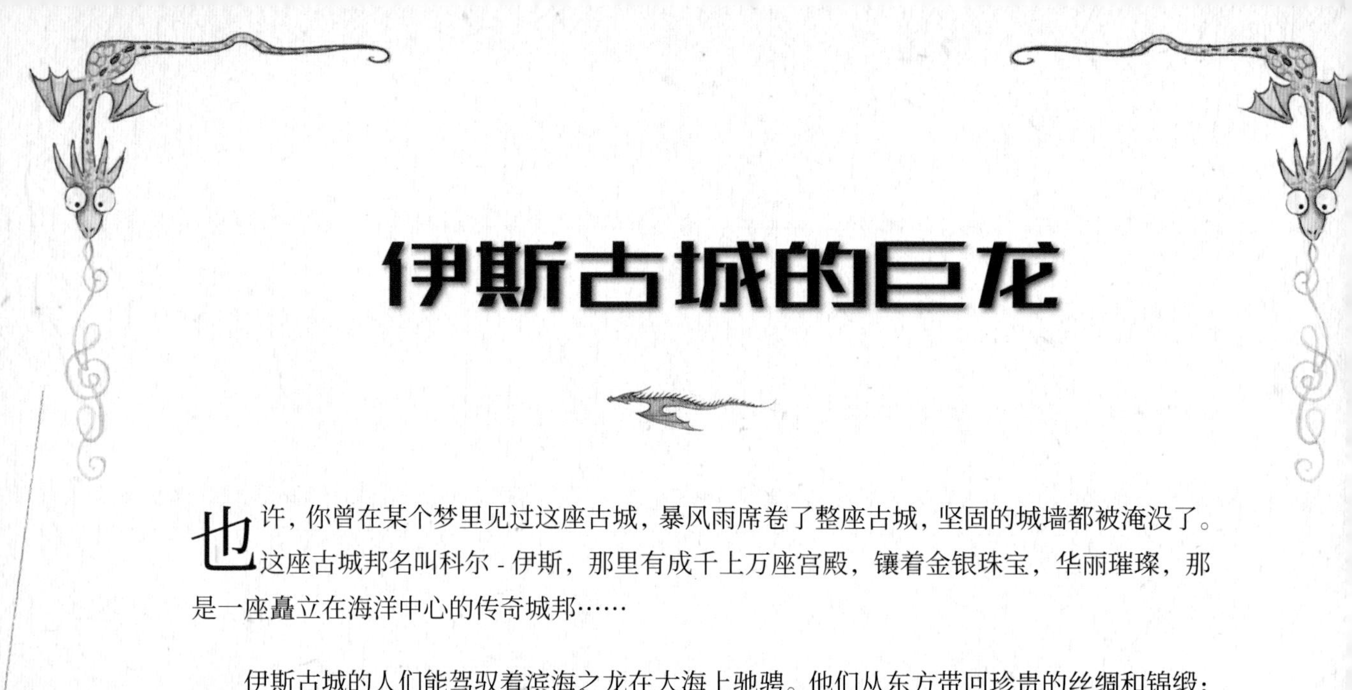

也许，你曾在某个梦里见过这座古城，暴风雨席卷了整座古城，坚固的城墙都被淹没了。这座古城邦名叫科尔 - 伊斯，那里有成千上万座宫殿，镶着金银珠宝，华丽璀璨，那是一座矗立在海洋中心的传奇城邦……

伊斯古城的人们能驾驭着滨海之龙在大海上驰骋。他们从东方带回珍贵的丝绸和锦缎；从阿比西尼亚带回茶叶；从西方带回黄金和玉髓；从北方带回琥珀和神兽独角鲸的角……

这里的人们既是贪婪的商人，也是冷酷的战士，他们打败敌对的城邦，并将那里的居民变为自己的奴隶。

滨海之龙被圈养在红色大理石砌成的高大龙厩里，由来自阿雷兹山区[13]的矮人族照料。

伊斯古城的公主叫达乌特，一位邪恶的外乡客魅惑了她，因而导致了整座古城的毁灭，可是，没人知道滨海之龙经历了什么。灾难发生时，它们被锁在龙厩中，跟科尔 - 伊斯古城的居民的命运一样悲惨，它们经受了毁灭性的灾难。然而，直到 20 世纪，仍然有些老水手们能够肯定，有些滨海之龙从灾难中逃脱了，它们至今还生活在伊洛瓦斯海[14]沿岸的海边洞穴里……

当海上风平浪静的时候，当浓雾遮住海浪的时候，渔民们就会听到消失的伊斯古城里教堂的钟声，从大海的深处传来。

听力灵敏的人还能听到滨海之龙挥动翅膀的低沉的呼呼声，能听到巨龙在海中潜游的哗哗水声，也许滨海之龙能在海洋深处找到那座消失的城邦，守护那些永远沉没在海底的传世宝藏。

笔记和草图

伊斯古城消亡后，幸存下来的滨海之龙在阿莫里块海岸[15]找到了避难所。

让我们越过海洋，去发现未知的大陆……

深渊之龙

深渊之龙常常与不幸的事件一同出现，但它并不是不幸的根源！它只是不幸事件的一部分……

神兽

传说中的怪物

★ 龙档案 ★

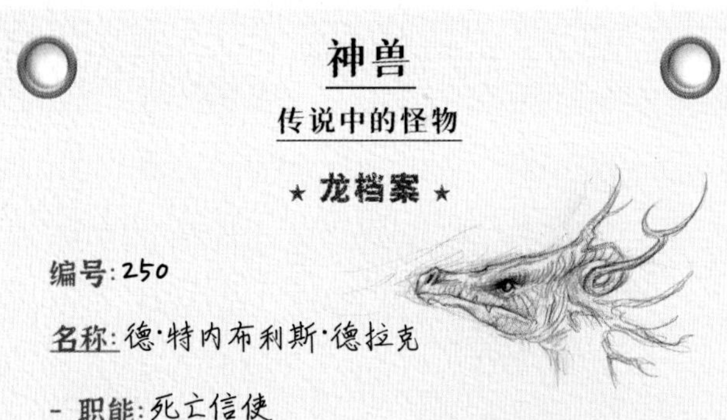

编号：250

名称：德·特内布利斯·德拉克

- 职能：死亡信使
- 尺寸：不到5米

特征：

*它的鳞片会发出丁零咣啷的邪恶声音，身上散发着恶心的气味，这股味道会提前在发生悲剧的地方弥漫开来。

*它的呼吸中有一种致命的毒药，足以毁灭任何形态的生命。

素描
1918年1月

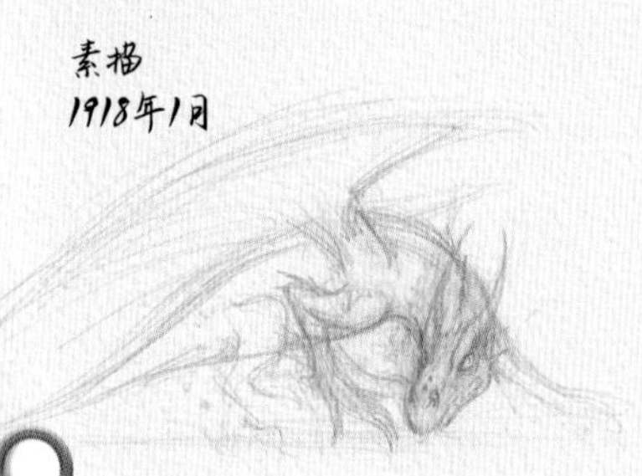

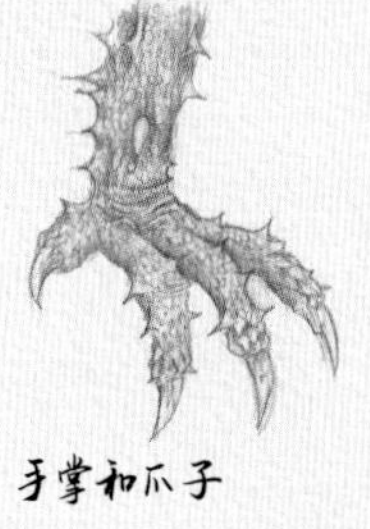

手掌和爪子

★ 你必须知道的事 ★

深渊之龙的翅膀有些羸弱，翅膀的边缘参差不齐，垂在漆黑瘦弱的身体两侧。它的身材不算高大，两只眼睛闪烁着古怪的光。深渊之龙挥动翅膀时略显沉重，而且断断续续地，这让它的飞行速度比较缓慢，一看到它的样子，人们可能会认为它单薄的脊梁上承载了世界上所有的痛苦……

你一定已经猜到了，在龙族的所有成员当中，它是最……没有吸引力的。你也不必怕它，尽管它浑身上下都散发着尸体的腐臭味，尽管它的叫声能唤起无法抑制的痛苦，尽管它飞行时的样子像幽灵一样恐怖。

灾祸的产生往往都归咎于人类自己的愚蠢，而深渊之龙只是那些灾祸虔诚的仆人。

中世纪的史书就已经有关于深渊之龙的记载了，当时正值可怕的鼠疫在欧洲蔓延，这场瘟疫也被称为“黑死病”。深渊之龙还出现在一些重大战争的战场上，人们据此猜测，它黑漆漆的影子一定会在尸横遍野的战场上空盘旋，因此，它的名声也就与灾祸和悲伤永远联系在一起了！

当那些大灾大祸终止时，人们还是能在夜里看到它，它时而出现在渺无人烟的荒地，时而出现在被毁的教堂，时而又出现在古老的墓地。

★ 栖息地 ★

有什么方法可以消除深渊之龙身上恶心的味道呢？又或许有什么地方也有类似的味道，足够掩盖它的味道、隐藏它的存在呢？下水道、没有通风口的地牢、恶臭的沼泽……这些地方应该可以让它隐藏自己！在这些地方，它时而躺坐着，时而踱着步，尝试着抹去原有的记忆，直到人类再次蒙受巨大灾难时，它就又可以现身了。此外，可以肯定的是，如今的深渊之龙已经学会了去适应人类世界各个时代的变化。对它而言，即使是被污染的地下水、有放射性物质的海洋和河流……都是舒适的住所！

在地下长廊的微光之中。
——巴黎地下墓穴[16]

如何观察龙族和保护自己

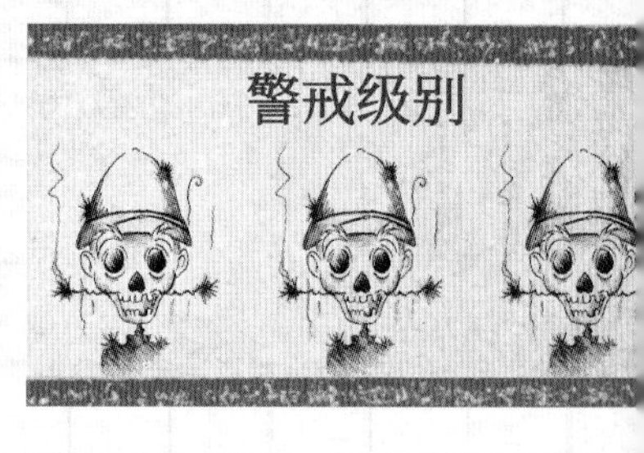

深渊之龙像幽灵般出没在治人的夜晚里……

★ 现场观察 ★

深渊之龙长得有点儿丑，甚至很吓人，它身上还有难闻的臭味！！！

据说，要么是在地下，要么是在城堡的废墟附近，尤其是那些曾经有惨剧发生的地方，都是深渊之龙最愿意居住的地方。（仔细查查你的历史教科书，可能会有所收获！）

然而，无论如何，别到战场和乱葬岗去，也要特别注意躲避大流行病！

- **你可以去墓地看看。**选个小点儿的墓地，那里可能会长满蕨类植物，也许附近还会有废弃的小教堂。

- **你如果偏要在一个满月的夜晚出去探险，你将会经历可怕至极的小说般的情节！**（所以，为了确保能有机会观察，最好选择一个黑漆漆的凄凉的夜晚。）

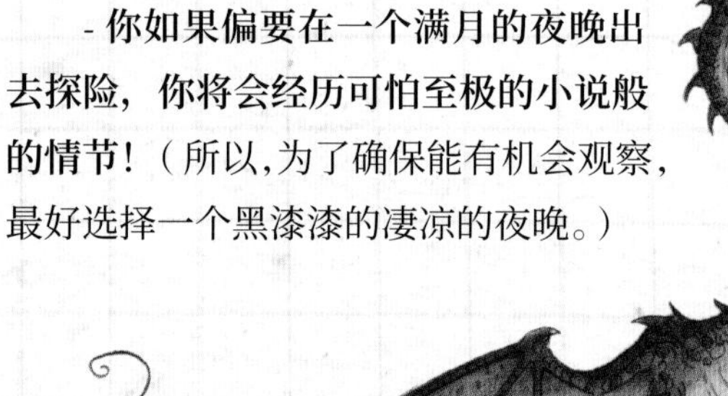

- 一定要穿上保暖且防水的衣服，带上保温瓶并装满热茶或热巧克力，再带点儿小饼干，因为等待可能会很漫长……

- 你要时刻保持警惕，还要竖起耳朵仔细听。记住，在你看到深渊之龙前，你应该会先听到它的声音。

- 你必须要知道，当地的盛行风和空气气流都可能会散播你身上的味道。

- 哪怕要面对重重困难，也请你不要放弃，坚守那份让你拥有无限动力的高尚的科学精神，正视困难，战胜困难！

去观察，去探索，去记录深渊之龙吧……

线索！！！

· 如果你发现突然出现了一些不同寻常的甚至是相当诡异的现象，那就预示着带翅膀的幽灵 —— 深渊之龙将会现身。

· 另外，如果世界各地有以下情况出现，你也必须十分警惕，并且做好记录：

- 日食或月食
- 强度巨大的地震
- 极具毁灭性的雷暴天气
- 出现彗星
- 成群的鸟类在浓密的乌云中飞行
- 各种类型的海啸和洪水灾害
- 蝗虫灾害……

当然，还有各种令人难以忍受的、经久不散的恶臭味！

神兽与怪物部

全球安全总局

极其重要的

信件

写在最后的小提醒

- 检查一下你的疫苗接种记录，以确保疫苗还在有效期内！
- 带上一大壶纯净水，在深渊之龙出没的地点周围，不管是水井里的水还是其他水源的水，基本上都是有毒的。
- 切记要注意保持距离，深渊之龙呼出的气体有恶臭味，有极强的传染性，还有可能引发大流行病。
- 如有需要，你最好再带上一个喷壶，里面装上百里香、迷迭香、胡椒和薄荷合成的芳香混合物。

黑死病

十四世纪时，人们把一场由鼠疫引发的全球大瘟疫称为黑死病，当时，全球有数百万人因此丧生。一些史书资料将这次大灾难的发生归咎于深渊之龙，认为它们通过呼吸出“瘟疫水汽”传播了这种疾病。人们还断言，深渊之龙非常喜欢尸体的腐肉……

当然，我们必须要站出来反对这种诽谤式的理论！
而且我们也必须记住，深渊之龙不会引发战争和自然灾害，它们只是跟灾难一起出现罢了。

英国大兵的一封信

写这封信的人是第一次世界大战中的一位英国大兵（这意味着我们无法考证这个故事的真实性……），据说这位英国大兵就是撰写了著名小说《霍比特人》和《魔戒》的作家。

1916年8月，法国

亲爱的艾迪丝，

日子就这样一天天过去，伴随着时间而来的是枪炮的轰炸和机关枪的扫射。从黎明起，我们的部队就开始遭受敌人的连续进攻。周围都是铁质武器、枪炮火光和濒临死亡的士兵的呻吟，死亡的味道弥漫在空气中……

我们的部队也多次向敌方发动进攻，可是并没有什么效果。许多战友再也没回来。我被分在第一冲锋部队。一波炸弹把我炸翻在地，掀进一个战壕坑，我失去了知觉。当我从昏迷中醒来时，这片泥泞的无人区只剩下我一个人。我周围全是浓烟，透过烟雾，我看到的是世界末日般的景象，还有仍旧震耳欲聋的爆炸声。突然，一股强大的气流扫过天空，就从我头顶正上方扫过。在一片模糊中，我只看到一个低矮的黑色身影。那个影子在战场上空飘过。不知道是不是因为长时间的恐惧和失眠，我感觉眼睛有种灼烧的痛，无论如何也无法摆脱眼前的黑影。紧接着传来一声可怕的嚎叫，而且一声接着一声。那个黑影绕着我盘旋。终于，我看清了它。它身上长满了刺，脑袋是三角形的，很可怕，垂在细长的脖子的一端，从覆盖着黑色鳞甲的身体上向外伸着。它的眼睛嵌在头骨里，眼神中透出苍白的光。每隔一段时间，它嘴里就会喷出火焰。亲爱的，我想我当时一定是准备呼唤你的名字，只不过我的喉咙发不出任何声音。紧接着，我还看到了好几个跟它一样的黑影。它们是从北边飞来的。我跟你说，还有更可怕的，士兵们成群结队地跟在那些黑影身后，他们应该已经不再是人了，而是怪物。士兵们的队伍密密麻麻，在一片恐怖的嘈杂声中前进，他们还用自己的长剑攻击自己的青铜盾牌。弩炮和弹射器把炽热的火球发射出去，划过天空。还是那些面目可憎的黑影，那些巨龙，它们陶醉于这杀戮的场景，它们在天空中盘旋着，像是在跳着残忍的死神之舞。我好像再一次昏了过去。当我醒来时，夜幕已经降临。我躺在担架上，有两个战友抬着我。我已经不知道该怎样思考了。我的理智被撼动了，但我坚信，刚刚出现在我眼前的"中土世界"是属于我的，我将永远不停歇地去寻找它……

我很想念你，

J.R.R.托尔金[17]

兰开夏郡枪炮团第十一团

笔记和草图

深渊之龙的眼睛非常敏感，如果被阳光照射，会头晕目眩。

它们需要比较柔和的光线，例如黎明或黄昏的光线就很合适。正是在这几个时间段，它们最容易被人类发现。

它们的飞行敏捷而安静，这使得它们能够捕食哪怕最有警惕性的猎物。

在冬日清晨的薄雾中，有一片墓地，被蕨类植物覆盖，被高高的杂草侵占。

（克利夫登镇，康内马拉地区，爱尔兰）

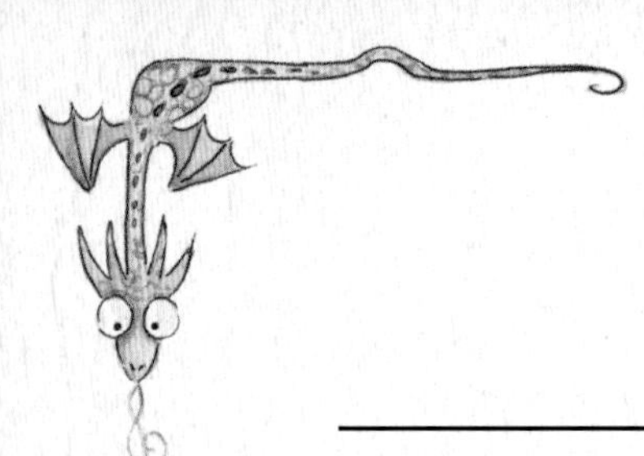

亚洲之龙

亚洲之龙生性友好、随心所欲，它经常任思绪飘在云端……它像神灵一样被人们供奉，并被赋予了奇妙的力量。

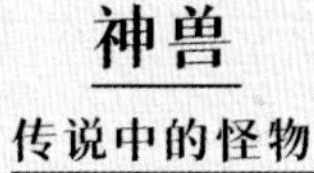

神兽

传说中的怪物

★ **龙档案** ★

编号：250

名称：亚细亚·德拉克

- 职能：它可以制造降水，也可以让天气晴朗

- 尺寸：20米～50米

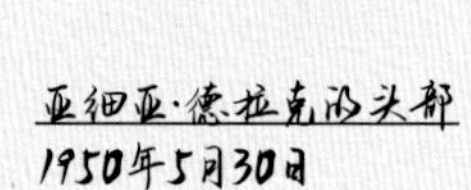

亚细亚·德拉克的头部
1950年5月30日

特征：

*它没有翅膀（它常在云端行走）。

*一般情况下，亚洲龙爪子有四根指头（帝王之龙则有五根）。

*它有着非凡的视力，但是它是个聋子。

*它几乎不会变老，更不会死去。

爪子上指头的数量决定了它们的社会地位

它的角与鹿角十分相似

★ 你必须知道的事 ★

亚洲之龙可谓是世上绝无仅有的物种，这种龙称得上龙中极品了（尤其是中国龙）！

亚洲之龙喜欢安静，它善良又仁慈，可以调动大自然中各种强大的力量，因此也是人们供奉的对象。它还是大自然中各种元素的支配者，为了实现大丰收，雨水和阳光都要根据它的意志进行分配。

可是，亚洲之龙那随心所欲的性格有时却会导致一些灾难。也许它只是在舒适的云朵中睡了一个长长的午觉，但某个省份却被洪水完全淹没了；也许它只是在一场宴会上喝了各种各样的美酒，但热浪和干旱却毁掉了所有的收成……

亚洲之龙的脖子又细又长，看起来跟蛇没什么区别，唯一的区别是，它下巴上长着长长的胡子，它可怕的大嘴上也长着靓丽的小胡须！虽然没有翅膀，但它还是能够飞行，能腾云驾雾，这都要归功于长在它头顶上的龙冠。

亚洲之龙有一颗大珍珠，被它藏在喉咙深处，这颗珍珠赋予了它魔法和才能。因而，亚洲之龙也成为了口才、智慧和权威的象征。根据一本古书的记载，亚洲之龙可以“随心所欲地让自己现身或隐身，变长或变短，变胖或变瘦”。

★ 栖息地 ★

我们了解到，来自东方的亚洲之龙与大自然中的水元素密切相关。它掌控着天上的雨水，风调雨顺、狂风暴雨都是由它指挥的。因此，它们会选择在湍急的河流、沉静的湖泊、广阔的海洋或壮丽的瀑布中建立起舒适的巢穴。还有一些亚洲之龙会选择住在云端，有的甚至住在更高的地方，比如神仙住的天宫附近，当然，也有些天宫可能就建在了亚洲之龙的背上。

亚洲之龙穿梭在云间，负责帮天上的神仙给人间的帝王传递消息。

如何观察龙族和保护自己

孔子曰："至于龙，吾不能知，其乘风云而上天。"

线索！！！

· 亚洲之龙不喜欢阳光，它们喜欢潮湿多雨的地方。所以，你可以经常去海岸和河堤边走走。一旦看到闪电划过天空，就立即在第一声雷鸣的时候跑出去观察 —— 可能正是在云端行走的亚洲之龙，激起了闪电和雷声。

· 我还要提醒你关注云朵！亚州之龙有时候喜欢开玩笑，它们会从嘴里吐出云朵来。

· 注意五颜六色的泛着珠光的龙蛋！那是亚洲之龙的龙蛋，它常把龙蛋留在河边。

· 宴会也是非常重要的线索！亚州之龙一到宴会上就会很快失去理智，它非常贪吃，会不停地品尝各类美食，它尤其喜欢宴会上提供的各种美酒。

★ 现场观察 ★

无翼巨龙填补"龙族拼图"

或许，在进行调查研究之前，我们有必要盘点一下亚洲之龙的大致面貌……

我们从古籍中得知，它长着"鹿的角，牛的耳，骆驼的头，魔鬼的眼，蛇的颈，龟的脏腑，鹰的爪，虎的脚。身上还覆盖着鲤鱼的鳞"。另外，它的声音像极了锅碗瓢盆碰到一起的那种丁零当啷的声音。

如果你能碰巧遇到一只亚洲之龙，你必须确保能够认出它！

不过，能辨认出亚洲之龙的前提是先做好观察工作，一定要带着好奇心和耐心去观察，并且不要被事物的表象所迷惑。一只龙蛋被孵化之后，需要几千年才能看出它会不会长成亚洲之龙。它先是长得像蛇，五百年后又像鲤鱼，再过五百年它会全身长满鳞片，然后长出胡子和胡须、四条短短的腿及一条长长的尾巴……

我们不得不承认，观察亚洲之龙这种巨大的奇妙生物真是一场真真正正的冒险！

对了，你还可以试着用云里雾里的状态走路。顺便做做白日梦！相信我，这是与亚洲之龙相遇的最好方法。

写在最后的小提醒

- 其实也没什么要提醒的。如果必须要说一条，那就给自己准备质量好一点儿的雨衣或雨伞吧！

附注：我还得给你提个醒儿，如果常在云间穿梭的亚洲之龙生病了，那么雨水就会有鱼腥味儿。

你知道吗？

据说，从秋分时节开始，巨型中国龙就会潜入海底，并在它那宏伟的宫殿中冬眠六个月。而从春分时节开始，它会结束冬眠，离开海底宫殿。这时候，它简直开心至极，闹闹腾腾地重回云端，并造成强台风气旋，甚至是席卷沿海省份的灾难性的飓风天气。

屠龙者

传说有这样一个故事，曾经有一位富翁想学习屠龙之术，他找到了一位屠龙大师，并成为了大师的弟子。这位大师用了十年时间教会了这位富翁最精巧细致的屠龙技巧。拜师学艺耗尽了这位富翁所有的财富，不过，经过艰苦的努力，他终于成为当时最强大的屠龙者。然而，在这位富翁踏上征战巨龙的旅程后，他却从来没有碰到过所谓的巨龙……

懒惰的巨龙

在天宫的厨房里做着白日梦，维护一下灶台，把火扇得旺一点儿，在云端嬉戏玩耍……这些就是一只巨龙在天宫的主要工作了，它是最懒惰的巨龙，这一点早已名声在外。天宫的餐桌上，酱肉、烤肉一应俱全，只不过，要么被烧焦了，要么还没熟！这位厨师该是多么无能啊！王母娘娘实在无法忍受这可恶的天宫蛀虫了，有一天，她终于用一根芦苇秆打了这只龙几下，让它长长记性。

巨龙还为自己辩解："可是，娘娘，我是身材魁梧的巨龙啊，灶台的日常维护和生火这种小事根本就不适合我，请您派一个配得上我这一身本事的任务给我吧，那样的话，你就会看到我有多能干！"

"那好吧！"王母娘娘若有所思地回答道，"有一个省刚刚经历了一场地震，被摧毁得很严重，你去人间处理吧，让那里早日恢复秩序。"

巨龙马上离开这座无聊透顶的天宫，它嘴角洋溢着开心的笑容，终于要成为一个重要人物了，还是那种人人都尊敬、人人都崇拜的大人物，跟神仙也差不多了！

它穿过云层，来到人间，眼前的人间真是山川颠倒、一片狼藉。它没有丝毫犹豫，马上投入了工作，它决定赶紧把一座坍塌进山谷的高山修整好，于是开始一块石头一块石头地修山。这项任务很繁重，太阳又毒辣，巨龙很快就决定要休息一会儿，可是最后它却睡着了，还睡得挺香挺沉的。

这世上没有什么事情能逃过王母娘娘的法眼，王母娘娘立即把巨龙叫醒，安排它去另外一个地方工作。这次，它接到了一个重要的任务，去修另一座岌岌可危的高山，这座山正是支撑天宫的立柱。

然而，巨龙早已心不在焉了！它有些闷闷不乐。仅仅是想到要把所有的石块都移动一遍就已经让它十分厌烦了。还不如趁此机会让自己休息几天，最好能来个深度睡眠。这时，一阵灾难性的轰隆声将它惊醒。那座支撑天宫的高山正在坍塌，就连天宫的一部分也已经塌了下去。天宫开始倾斜，情势万分危急，王母

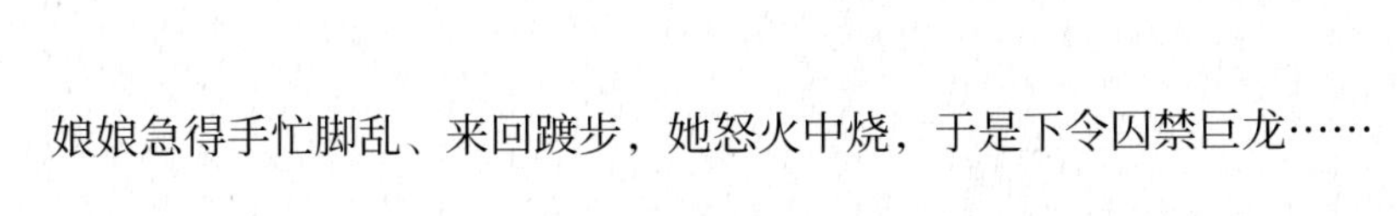

娘娘急得手忙脚乱、来回踱步，她怒火中烧，于是下令囚禁巨龙……

时光飞逝，宽宏大量的王母娘娘原谅了那个糟糕的手下，又将一项新任务派给了巨龙。

“你必须守护好东海、管理好东海。”王母娘娘对巨龙说。

能够继续给天宫当差，巨龙心怀感激，非常高兴，它立即出发前往工作地点，不过，它还是跟以前一样，很快就厌倦了这份工作。比起管理风、洋流和潮汐，它显然更喜欢美味佳肴和陈年窖藏！

不久以后，飓风和海啸开始侵入天宫，甚至快要把这天上的宫殿变成巨型游泳池了，王母娘娘都要蹚着水走路了，她实在怒不可遏了！于是，巨龙再次被关押起来，这次它被关在最幽深、最潮湿的天牢。

又过了一段时间，在一个晴朗的早晨，王母娘娘决定给巨龙最后一次机会。

“你去负责管理云彩吧！”她对巨龙说，“但是这次雷神雷公会监督你！”

从那天起，巨龙的主要工作就变成了赶云彩，在下雨之前把云赶到一起，聚集起来。要是它还想开小差或者小睡一会儿的话，可怕的雷公就会在它的肋骨上打出一道闪电，把它叫醒！

补充的观察
记录和草图

龙是如何繁衍的？

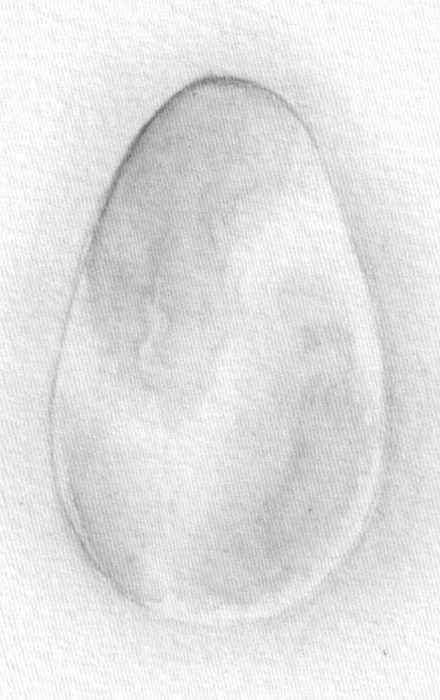

插图——龙蛋

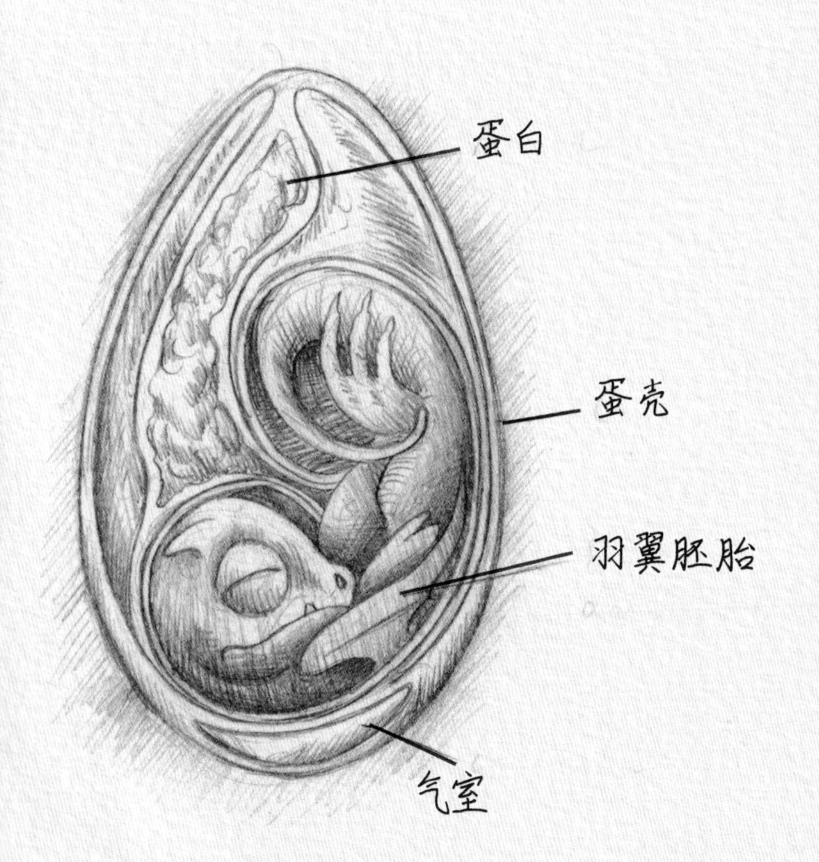

龙是卵生动物。通常每个世纪雌龙下的龙蛋都不超过一个。育雏过程可以持续一整年，在这个过程中，雌龙会强迫自己单独待在一个有足够保护的安全地带，尤其不能受气候变化的影响，以便保持恒定的高温。为此，雌龙的身体里都会有一个名叫高温腺的腹部腺体，这个腺体可以产生高温(1000摄氏度)。

九头龙[18]

编号45

*九头龙是一种生活在沼泽地的生物，它有很多脑袋，其中一个永远不死，其他的脑袋可以重生，如果被砍掉了还会翻倍重生！

*为了杀死住在勒拿湖附近的九头龙，赫拉克勒斯用滚烫的铁水浇筑被砍掉头部的创口，在砍断其最后一个脑袋后，他将九头龙埋在了一堆岩石的下面。

龙是如何出生的？

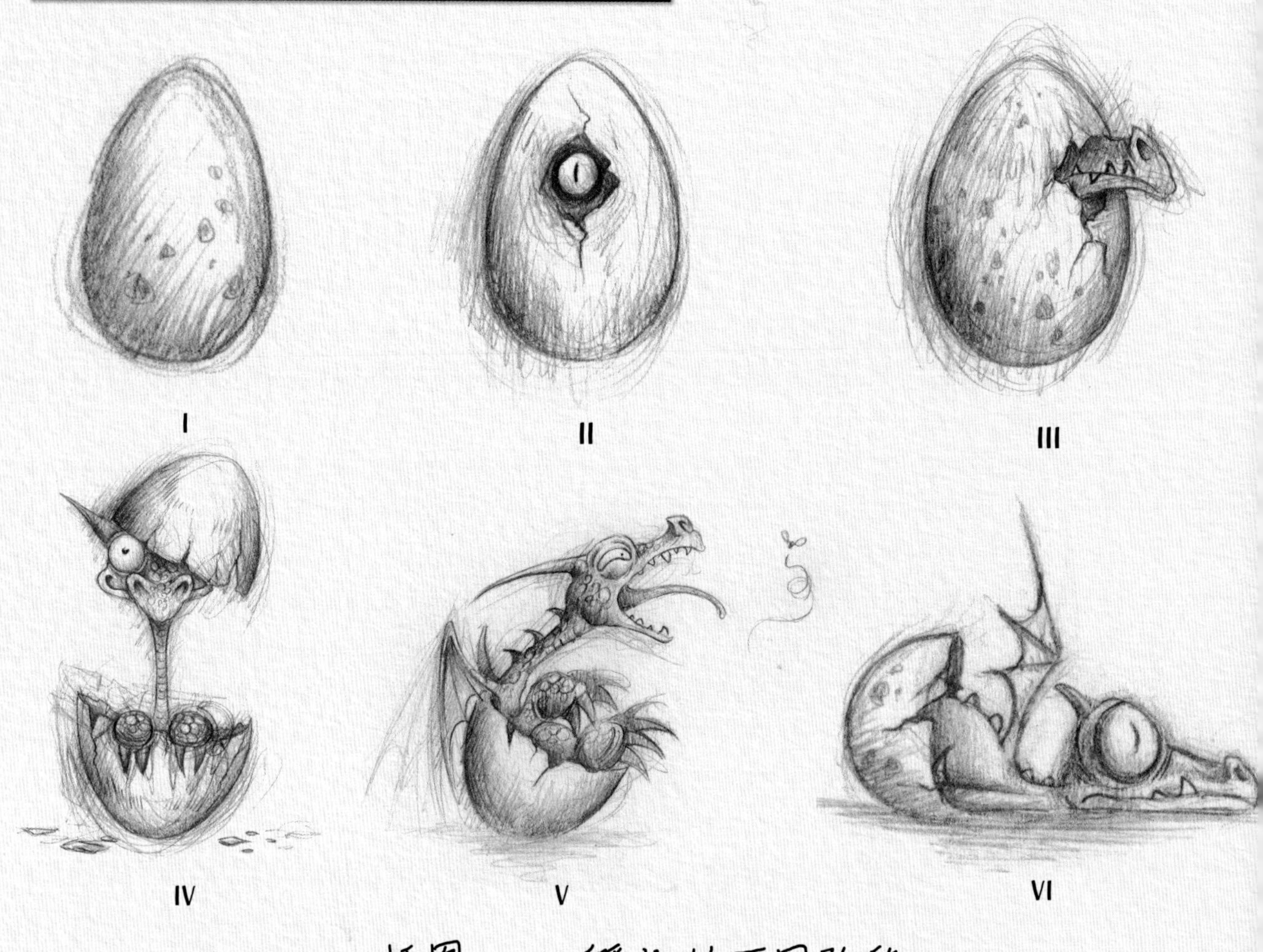

插图——孵化的不同阶段

小龙一出生就有一口锋利的牙齿，这使得它们能够咀嚼新鲜的肉类。

小龙三到五岁，母亲会教它飞行和狩猎的技巧，学会之后，它就会离开巢穴。

它必须自己去开辟一片新的领地。

鸡冠龙

编号35

*鸡冠龙像是一只“奇怪的鸟”，它的性格一点儿也不随和，甚至可以说极度危险！敌人或猎物被它瞪上一眼就会遭殃，幸运一点儿的会被放慢速度，不幸的话就会被永远石化。为了保护自己，最好找一只黄鼠狼跟在你身边（这是鸡冠龙和公鸡唯一害怕的动物），或者戴上装有炭黑色镜片的眼镜。另外，带上一面镜子，在受到这个怪物可怕的目光攻击时，你可以用镜子把它的目光反射回去，照得它当场石化！

*鸡冠龙看起来是爬行类动物和鸟类的混合体，听说，它出生在最炎热的夏季，一只老公鸡在肥料堆上生下一个蛋，然后一只蟾蜍将它孵化出来。

龙血有什么用？

龙血是一种致命的毒药！历史上的一些故事都证明了这一点，年轻的英雄们虽然战胜了那些会喷火的巨龙，但他们最终还是死了，就是被流进铠甲里的几滴有毒的龙血所害。

贝奥武甫[19]是撒克逊人[20]的史诗传说中的英勇战士，他曾经遇到一只巨龙，它的血液能将任何金属都化为尘土。他必须使用魔法之剑才能赢得战斗。

另有其他传说记载，如果将一把剑多次放在龙血中浸泡，那么这把剑在夜里就会像火炬一样发光。

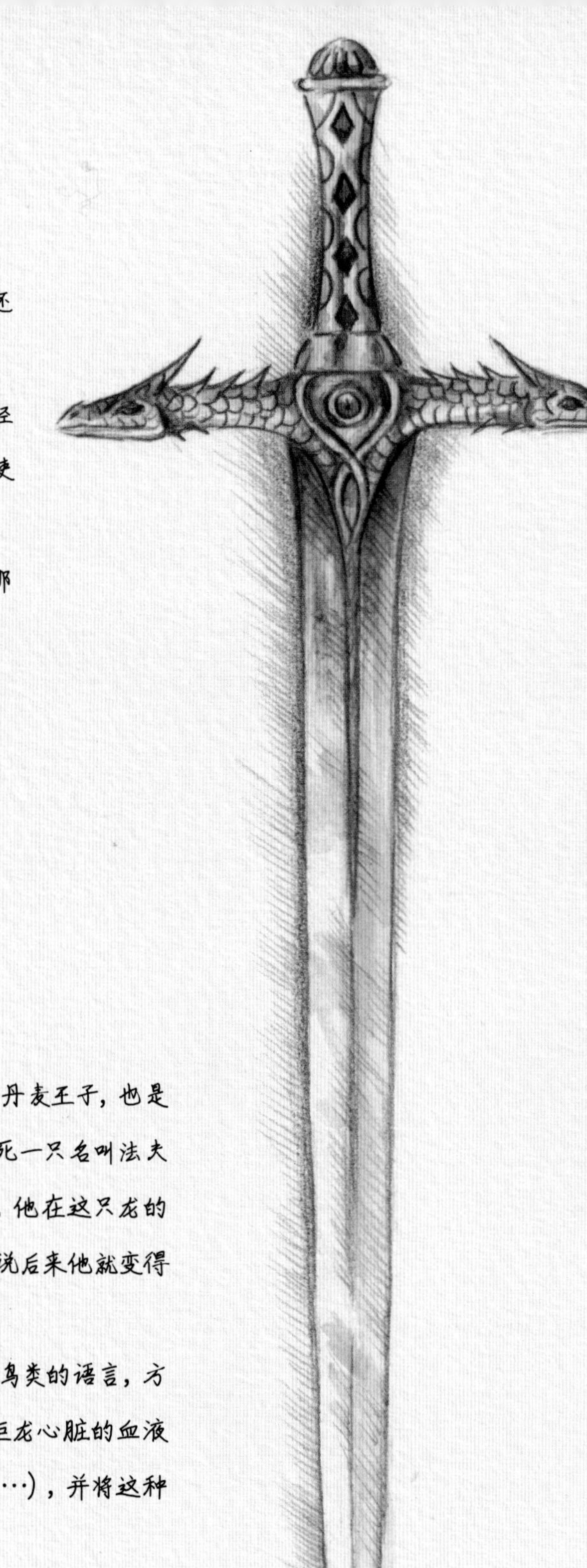

希格尔德是一位丹麦王子，也是一位勇士。在杀死一只名叫法夫纳[21]的巨龙之后，他在这只龙的血液中沐浴，据说后来他就变得刀枪不入了。

他甚至还掌握了鸟类的语言，方法是他取了这只巨龙心脏的血液（将龙血加热……），并将这种血喷在嘴唇上！

塔拉斯克龙

编号90

*塔拉斯克龙既好战又暴躁！它会攻击所有在移动的事物！至少中世纪的史书上是这样记载的，它在史书上画像比较模糊，不过还是能看出它的基本轮廓，它是一只巨龙。塔拉斯克龙住在罗讷河附近一个被树林环绕的洞穴之中。

*塔拉斯克龙长着狮子的头，利剑般的牙齿，马的鬃毛，斧头似的脊椎，刺猬一样的刺状鳞片，一根根向上竖着，跟标枪一样，熊的长爪子，蝰蛇的尾巴，龟壳一样的盾牌保护着身体的两侧……要是这幅肖像画再真实些，给它加上呼吸中的腐臭味，那我们真是得想尽一切办法立刻远离这只又丑又不受欢迎的生物……

龙石有什么用？

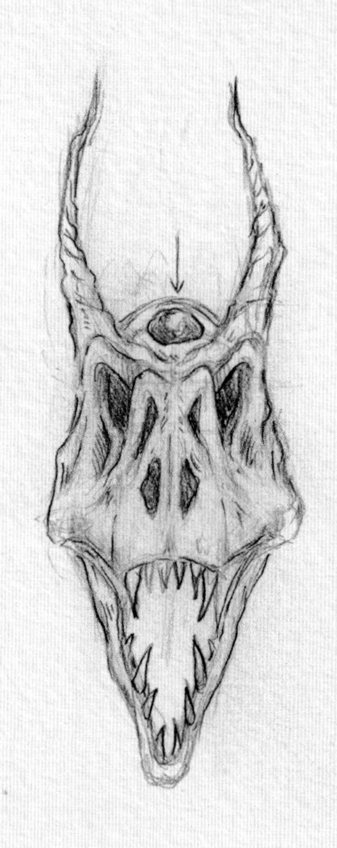

龙石是一种长在龙的额头上的五彩宝石。龙石被赋予了强大的法力，自古以来，不知道有多少人想要得到它。为了保留龙石的魔力，必须在龙还活着的时候就取走它。古代的智者也给勇士们想了一些获取龙石的方法，例如，先在巨龙的周围撒上让龙昏昏欲睡的植物，让它睡着，然后趁它沉睡的时候把龙石取出来……相传，龙石有红色的、白色的、透明的等各种颜色，它比较脆弱，经不起雕琢和打磨。

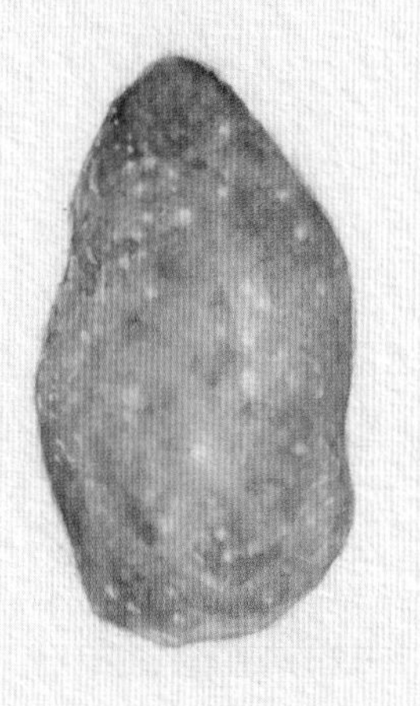

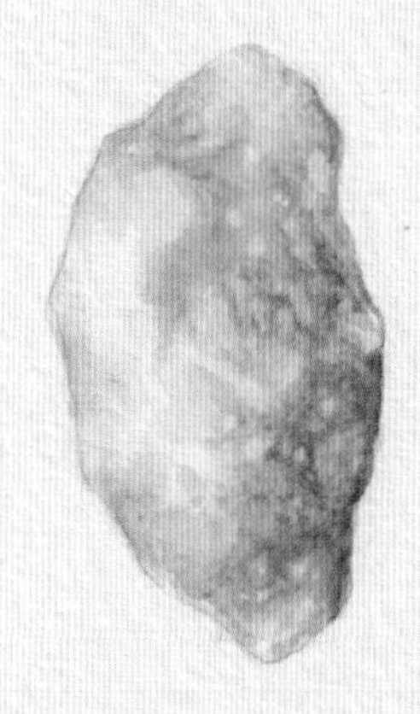

龙石被赋予了无边的法力。拥有龙石的人能够读懂人心，能够理解动物的语言，能够解毒，也能够被赋予非凡的勇气。如果把它戴在左手臂上，战士们就能刀枪不入。

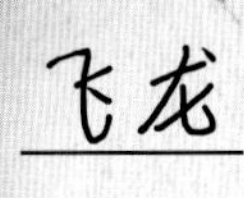

飞龙

编号72

*飞龙生活在沼泽地里或是河岸边，所以人们常常能在芦苇丛中听到它的鳞片丁零作响。飞龙是十分谨慎的生物，而且它也是最经常在传说中被提及的宝藏守护者。从外表看，它像一条蛇，更确切地说，它是一只长着蝙蝠翅膀的龙。它额头的中间有一枚红色的宝石，洗澡时，它会把宝石取下来放在岸边。如果有人想趁机去冒险偷宝石，我劝你们还是三思而后行。

*飞龙会立刻察觉，并对偷窃者穷追不舍，对偷窃者吐火焰、喷火花。即使这些敢冒险的小偷真能摆脱巨龙，宝石最终也会变成枯叶或马粪。

龙是如何喷火的？

龙喷出火焰的通道要么是嘴巴、要么是鼻孔。龙焰是巨龙弹药库中的重要武器，而且是最具毁灭性的武器。

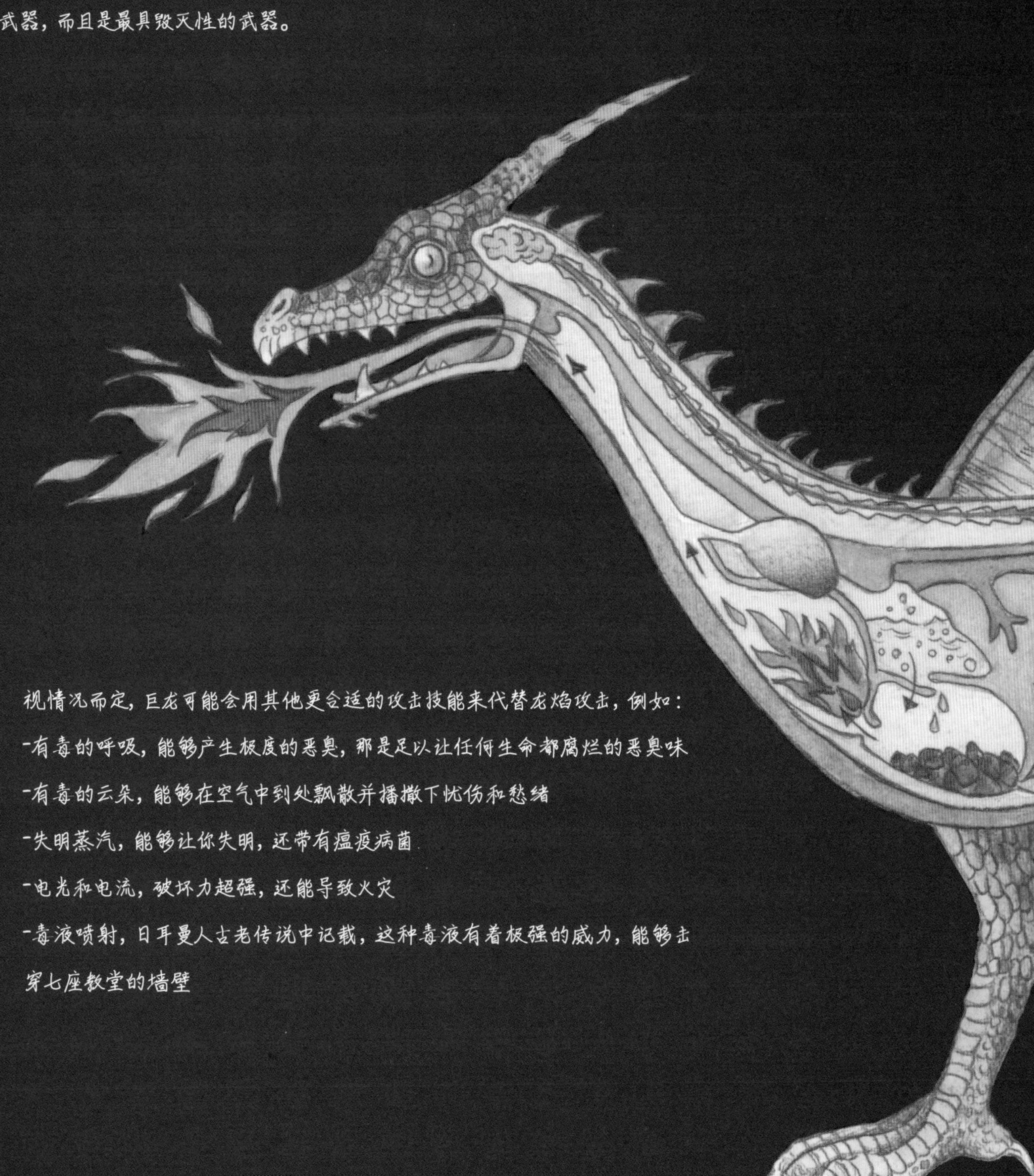

视情况而定，巨龙可能会用其他更合适的攻击技能来代替龙焰攻击，例如：

-有毒的呼吸，能够产生极度的恶臭，那是足以让任何生命都腐烂的恶臭味

-有毒的云朵，能够在空气中到处飘散并播撒下忧伤和愁绪

-失明蒸汽，能够让你失明，还带有瘟疫病菌

-电光和电流，破坏力超强，还能导致火灾

-毒液喷射，日耳曼人古老传说中记载，这种毒液有着极强的威力，能够击穿七座教堂的墙壁

龙的胃里含有硅石，硅石相互摩擦就会形成火苗。另外，龙的体内还有因为消化食物而发酵的酸性气体，在这种条件下，只要制造一个放热源（火源）就可以点燃这些气体，形成巨大的火焰。

据说，龙可以通过混合它们的呼吸来交配。

龙是如何飞行的？

高山上的悬崖会制造上升气流（被太阳照射过的悬崖侧壁会让空气变热，变热的空气会沿悬崖向上抬升），这样龙就可以毫不费力地展翅高飞了。

巨龙在天空中飘逸地飞行，它离开了原本的航线，失重般地俯冲下去。

龙的骨骼轻盈，骨架和翅膀都非常强壮结实，且韧性极高，所以，一些龙（尤其是高空之龙）已经进化出了非凡的飞行能力。另外，它们身体内部的温度始终恒定，因此它们能够越飞越高，不断挑战更高的天空。它们翅膀又大又宽，非常适合长途飞行。

它完全张开翅膀，在天空中翱翔。

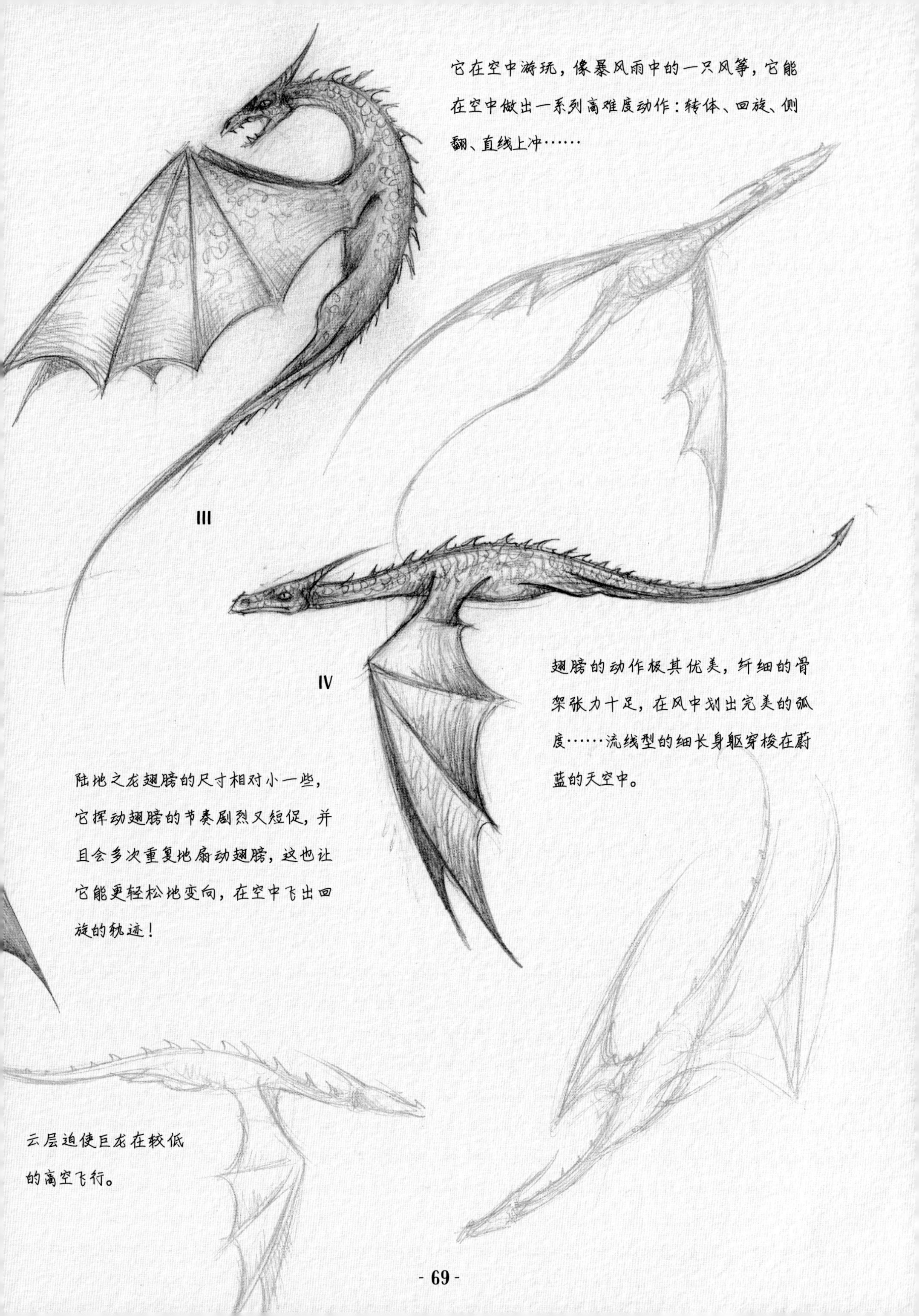

它在空中游玩，像暴风雨中的一只风筝，它能在空中做出一系列高难度动作：转体、回旋、侧翻、直线上冲……

翅膀的动作极其优美，纤细的骨架张力十足，在风中划出完美的弧度……流线型的细长身躯穿梭在蔚蓝的天空中。

陆地之龙翅膀的尺寸相对小一些，它挥动翅膀的节奏剧烈又短促，并且会多次重复地扇动翅膀，这也让它能更轻松地变向，在空中飞出回旋的轨迹！

云层迫使巨龙在较低的高空飞行。

宝藏和守护者

山地或高原的内部往往藏有宝石和贵金属，山精灵和地精灵会为了寻找这些宝藏而挖出许多地下坑道来。

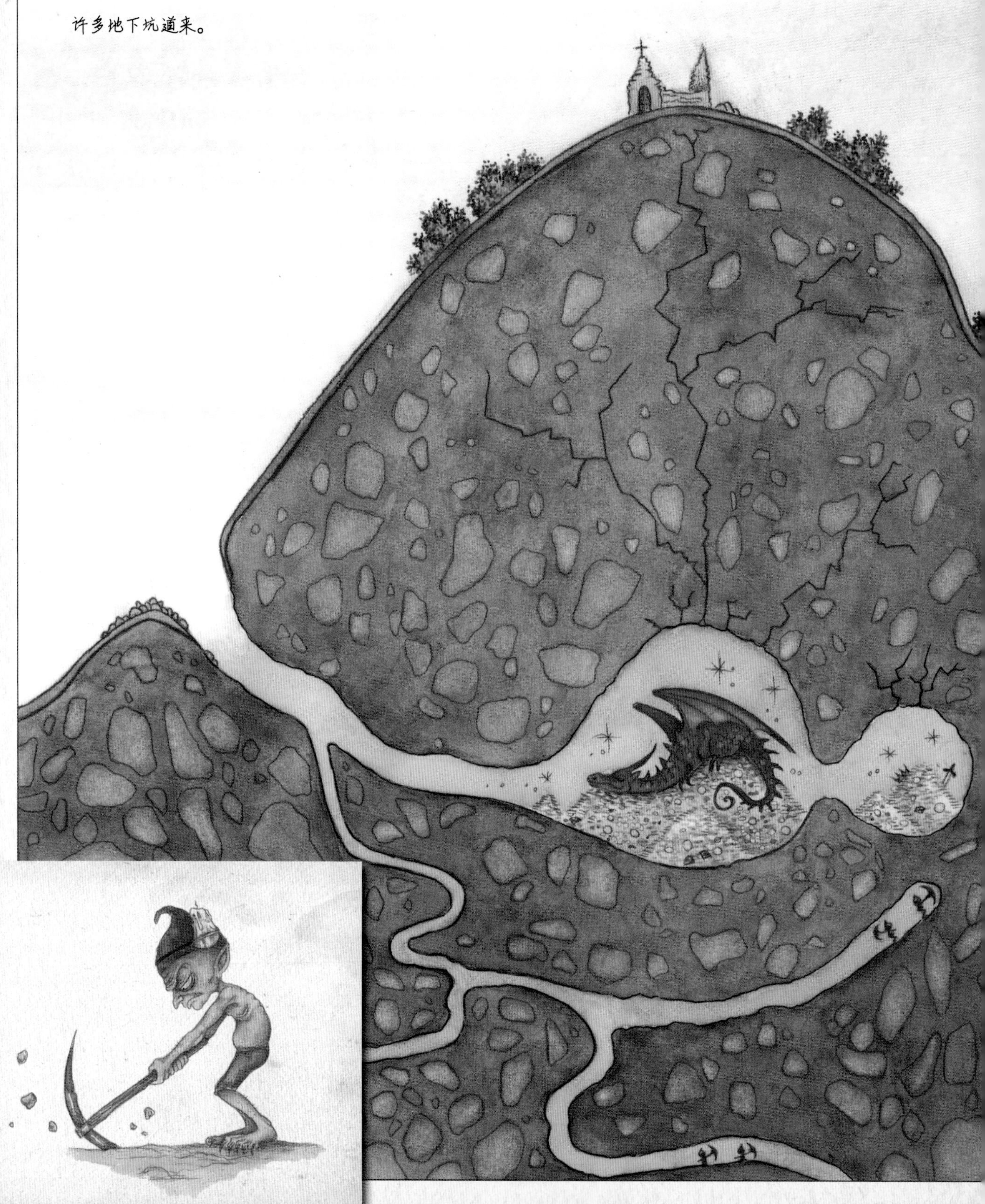

自蒙昧时代以来，龙一直是神圣之地和传世宝藏的守护者。拉冬[22]守护着赫斯帕里得斯三姐妹[23]的花园里的金苹果，法夫纳守护着莱茵河里的黄金，无论是哪里的宝藏守护者，它们都是坚韧不拔的守夜者。有些龙从不睡觉，有些龙即便闭着眼睛也什么都能看见。为了能击败胆大包天、毛手毛脚的寻宝人，在它们这群喷火怪兽的弹药库里，还有几样新添的攻击技能，例如目光攻击，光是这种攻击就有好几种用法，可以让敌人石化、让敌人被雷劈或者通过迷惑敌人让他们自己跳进巨龙的嘴里。

由于巨龙们有这种神奇的目光，这也让它们能够看透人心，并且会赐予最纯洁的灵魂以最宝贵的财富——那就是无穷无尽的智慧与知识。

附录：注释

[1] 狮鹫又叫格里芬（Griffin），是一种神话生物，长有狮子的躯体（有的有翅膀）和鹰的头。

[2] 矿脉是填充在岩石裂缝中呈脉状的矿体，常跟地层形成一定角度。金、银、铜、钨、锑等常产于矿脉中。

[3] 不丹王国，位于喜马拉雅山脉东段南坡，其东、西、北三面与中国接壤。首都是廷布。

[4] 滑翔机是一种有固定机翼而没有动力装置的航空器，一般借助于外力起飞。

[5] 臆羚也叫岩羚羊，在瑞士境内，它们主要的栖息地是阿尔卑斯山区和汝拉山的多岩地区和森林。

[6] 布列塔尼猎犬是一种中型猎犬，腿相对较长，可以指示猎物方位，并能够寻回猎物，易于训练。

[7] 信风（又称贸易风）是指在低层大气中由副热带高压带吹向赤道低气压带的大范围气流。北半球吹东北风，南半球吹东南风。

[8] 支石墓（中国称作石棚墓，也译作石桌坟）分布于世界各地，是新石器时代晚期至铁器时代早期的墓葬形式之一，属巨石建筑系统。

[9] 饕餮，读作 tāo tiè，传说中的一种凶恶贪食的野兽，古代鼎、彝等铜器上面常用它的头部形状做装饰，叫作饕餮纹。

[10] 拟态是指一种生物在形态、行为等特征上模拟另一种生物从而获益的生态适应现象。

[11] 蒙昧时代是人类社会和文化发展的第一阶段，又称蒙昧阶段。19 世纪由美国人类学家 L.H. 摩尔根在《古代社会》一书中提出。蒙昧时代始于人类社会的诞生，终于定居和村落的萌芽，相当于考古学上的旧石器时代和中石器时代。

[12] 西班牙无敌舰队是 1588 年西班牙国王腓力二世为远征英国而组建的一支舰队，由 130 条战舰、7000 名水兵和 2.3 万名步兵组成。

[13] 阿雷兹山区，法语是 Les Monts d’Arrée，也译为阿雷兹山脉。从文字的角度，译者认为“生活在山区的矮人”比“生活在山脉的矮人”要更汉语一些，此处便译为阿雷兹山区。

[14] 伊洛瓦斯海，法语是 Les côtes de la mer d' Iroise，是法国西部大区布列塔尼西边的一片海域。

[15] 阿莫里坎海岸，法语是 Le littoral armoricain,"阿莫里坎"是当地高原的名字，这个高原多山脉，阿雷兹便是这片高原上的一座山脉。本篇里提到的阿莫里坎海岸、阿雷兹山区和伊洛瓦斯海，均在法国西部大区布列塔尼。

[16] 巴黎地下墓穴是法国巴黎的一处地下藏骨堂，位于巴黎十四区。18 世纪末，巴黎暴发瘟疫，为了解决公众卫生危机，人们决定将尸骨转移到地下。自 1809 年起，墓穴向公众开放。

https://www.catacombes.paris.fr/en/history

[17] 约翰·罗纳德·瑞尔·托尔金（John Ronald Reuel Tolkien），英国作家、学者，主要作品有《霍比特人》《魔戒》等。

[18] 该怪物的原型是希腊神话中的九头蛇怪物（海德拉）。

[19]《贝奥武甫》是英国古代文学的最高成就之一，也是欧洲最早的白话史诗。贝奥武甫是一位斯堪的纳维亚的英雄，是该史诗的主人公。

[20] 撒克逊人是日耳曼人的一支，最早居于波罗的海沿岸和石勒苏益格地区，后迁至德国境内的下萨克森州一带，后来又有一部分人北上定居在英格兰。

https://www.britannica.com/topic/Saxon-people

[21] 法夫纳是北欧神话中的一名侏儒，之后化身为龙，被希格尔德王子用神剑杀死。

https://www.britannica.com/topic/Fafnir

[22] 拉冬是希腊神话中的巨龙，它守护着花园里的金苹果树。

https://www.britannica.com/topic/Hesperides-Greek-mythology

[23] 赫斯帕里得斯三姐妹是古希腊神话中的仙女，她们负责与巨龙拉冬一起守卫金苹果树。

https://www.britannica.com/topic/Hesperides-Greek-mythology

图书在版编目（CIP）数据

如何捕获一条龙 : 猎龙人秘密手册 / (法) 帕特里克·杰泽盖尔著 ; (英) 查琳绘 ; 汪睿智译 . -- 北京 : 北京联合出版公司 , 2023.4
ISBN 978-7-5596-6594-2

Ⅰ . ①如… Ⅱ . ①帕… ②查… ③汪… Ⅲ . ①恐龙－普及读物 Ⅳ . ① Q915.864-49

中国国家版本馆 CIP 数据核字 (2023) 第 011749 号

Le Guide (secret) d'un Chasseur de Dragons

First published in France in 2021 by AU BORD CONTINENTS
Simplified Chinese rights arranged through CA-LINK International LLC (www.ca-link.cn)

北京市版权局著作权合同登记　图字：01-2022-6875

如何捕获一条龙：猎龙人秘密手册

作　　者：[法] 帕特里克 · 杰泽盖尔
绘　　者：[法] 查琳
译　　者：汪睿智
出 品 人：赵红仕
策划监制：王晨曦
责任编辑：龚　将
特约编辑：陈艺端
美术编辑：陈雪莲
封面设计：好谢翔
营销支持：风不动

北京联合出版公司出版
（北京市西城区德外大 83 号楼 9 层　100088）
北京联合天畅文化传播公司发行
上海盛通时代印刷有限公司印刷　新华书店经销
字数 84 千字　889 毫米 ×1194 毫米　1/16　4.625 印张
2023 年 4 月第 1 版　2023 年 4 月第 1 次印刷
ISBN 978-7-5596-6594-2
定价：128.00 元

编号 45

九头龙